中学 入試に出る動物 完全攻略 ～はじめに～

　みなさんは、理科の受験対策をどのようにしていますか？　中学入試では、生物の問題が必ず出題されます。問題を見ると、小学校の理科では習わないような生物も多く、どの学校もくふうした問題が出題されています。しかし、よりくわしく見てみると、下のランキングに示すように、よく出題される決まった生物があるのです。そのため、入試によく出る生物のよく出る内容にしぼって学習することが、中学入試の理科力アップに効果的なのです。この本のねらいはそこにあります。

　この本は最新の中学入試を徹底的に分析し、よく出題される動物を選んでまとめたものです。この本で、「入試の動物」を完全に攻略し、自信をもって試験に臨んでください。晴れて合格を勝ち取れるよう、応援しています。

編集部

よく出る動物ランキング

順位	分類	動物	順位	分類	動物
1位	昆虫	チョウ	11位	昆虫	ガ
2位	両生類	カエル	12位	甲殻類	カニ
3位	魚類	メダカ	13位	は虫類	ヘビ
4位	昆虫	ハチ	14位	甲殻類	ダンゴムシ
5位	昆虫	セミ	15位	昆虫	アリ
6位	昆虫	バッタ	16位	環形動物	ミミズ
7位	クモ類	クモ	17位	鳥類	ツバメ
8位	は虫類	カメ	18位	魚類	フナ
9位	昆虫	カマキリ	19位	ほ乳類	ウサギ
10位	昆虫	トンボ	20位	鳥類	ニワトリ

もくじ _Contents >>>

□ 無セキツイ動物
> 節足動物 > 昆虫類

- 〈チョウ〉モンシロチョウ………… 6
  - ◎テストに出るチョウのなかま …… 7
- 〈チョウ〉アゲハ（アゲハチョウ）…… 8
- カイコガ（カイコ）………………… 9
  - ◎いろいろな姿で冬ごしをするガのなかま … 9
- セミ（アブラゼミ）………………… 10
  - ◎テストに出るセミのなかまと鳴き声 …… 11
- ミツバチ …………………………… 12
  - ◎テストに出るハチのなかま …… 13
- アリ ………………………………… 14
- トノサマバッタ …………………… 15
  - ◎テストに出るバッタのなかま …… 16
- コオロギ（エンマコオロギ）……… 17
  - ◎秋に鳴く昆虫－コオロギやキリギリスのなかま … 17

- カマキリ …………………………… 18
- トンボ（シオカラトンボ）………… 19
  - ◎テストに出るトンボのなかま …… 20
- カ …………………………………… 21
- ハエ（イエバエ）…………………… 22
  - ◎はねが2枚の昆虫 ……………… 22
- テントウムシ（ナナホシテントウ）… 23
  - ◎テントウムシとアリとアブラムシ（アリマキ）の関係 … 24
- カブトムシ ………………………… 25
- クワガタムシ ……………………… 26
- コガネムシ ………………………… 26
- ホタル（ゲンジボタル）…………… 27
- コラム▶昆虫の飼い方 ……………… 28

【昆虫以外の虫】
> 節足動物 > クモ類・多足類・甲殻類 ＋ > 環形動物 >

- クモ ………………………………… 30
  - ◎テストに出るクモに近いなかま …… 31
- ダンゴムシ ………………………… 32
  - ◎ダンゴムシのふしぎな行動 …… 33

- ヤスデ ……………………………… 34
- ミミズ ……………………………… 34

【水辺の生き物】
> 節足動物 > 甲殻類 ＋ > 軟体動物など >

- カニ ………………………………… 36
- エビ ………………………………… 37
- ザリガニ …………………………… 38
- ヤドカリ …………………………… 39
- コラム▶指標生物 …………………… 40
- タコ ………………………………… 41
- イカ ………………………………… 41
- アサリ ……………………………… 42

- カワニナ …………………………… 42
- ウニ ………………………………… 43
- クラゲ ……………………………… 43
- イソギンチャク …………………… 44
- サンゴ ……………………………… 44
- プランクトン ……………………… 45
  ※植物プランクトンは植物のなかまですが、特別にあつかいます。
- コラム▶サンゴと地球環境 ………… 46

③ 名前がまぎらわしい！

◉ イモリ → 両生類

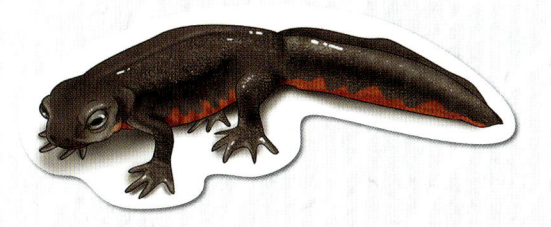

〈覚え方〉 イモリ → 井守
→ 井戸を守る → 水辺にいる
→ **両生類**！

◉ ヤモリ → は虫類

〈覚え方〉 ヤモリ → 家守
→ 家を守る → 陸にいる
→ **は虫類**！

④ 卵を産むのにほ乳類

◉ カモノハシ → ほ乳類

……………… くちばしがあり、卵で生まれる。
卵から子がかえると、
めすが母乳をあたえて育てる。

例外

◎ まちがいやすい昆虫のなかま分け "まとめ"

完全変態	チョウ、ガ、ハチ、アリ、ハエ、カ、アブ、カブトムシ、テントウムシ、ホタル
不完全変態	バッタ、トンボ、セミ、カマキリ、コオロギ、ゴキブリ
無変態	シミ
はねが4枚	チョウ、ガ、セミ、ハチ、バッタ、トンボ、テントウムシ、カブトムシ
はねが2枚	ハエ、カ、アブ

＊昆虫類ではない … クモ（クモ類）、ダンゴムシ（甲殻類）、ヤスデ、ムカデ（多足類）

○✕ まちがいやすい動物

① 水中・水辺の生き物

● クジラ・イルカ・シャチ → ほ乳類

尾を上下にふって泳ぎます……

● サメ・エイ → 魚類

尾を左右にふって泳ぎます

こんな形だけど魚だよ。

● ウミガメ → は虫類

卵を陸上で産むよ。

● サンショウウオ → 両生類

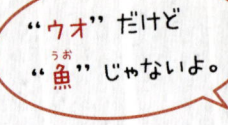

"ウオ"だけど"魚"じゃないよ。

② 飛べない鳥、飛んでもほ乳類

● ペンギン、ダチョウ → 鳥類

"卵生"

● コウモリ → ほ乳類

"胎生"

□ セキツイ動物

魚類（ぎょるい）

メダカ ……………………………… 48	マグロ・カツオ ………………… 55
◎メダカが泳ぐ性質（走流性） …… 49	サンマ …………………………… 56
フナ ……………………………… 50	アジ ……………………………… 56
◎フナのなかまの淡水魚 ………… 51	カレイ …………………………… 56
サケ ……………………………… 52	フグ ……………………………… 56
◎海と川を行き来する魚－ウナギ … 53	コラム▶これ何の卵？－いろいろな魚の卵 … 57
コラム▶外来種（外来生物、帰化動物）とは … 54	コラム▶魚？魚じゃない？－海の動物 …… 58

両生類（りょうせいるい）・は虫類（ちゅうるい）

カエル …………………………… 60	ワニ ……………………………… 64
◎テストに出るカエルのなかま …… 61	ヘビ ……………………………… 65
イモリ …………………………… 62	◎テストに出るヘビのなかま …… 65
オオサンショウウオ ……………… 62	カメ ……………………………… 66
トカゲ・ヤモリ・カナヘビ ……… 63	

鳥類（ちょうるい）

ニワトリ ………………………… 68	カラス …………………………… 72
ツバメ …………………………… 69	タカ ……………………………… 73
コラム▶渡（わた）り鳥（どり） …………… 70	フクロウ ………………………… 73
ハクチョウ ……………………… 71	コラム▶猛禽類（もうきんるい）と食物連鎖（しょくもつれんさ） …… 74
カモ ……………………………… 71	コラム▶鳥類のくちばしとあしの形 …… 75
スズメ …………………………… 72	ペンギン ………………………… 76
ハト ……………………………… 72	ダチョウ ………………………… 76

ほ乳類（にゅうるい）

コウモリ ………………………… 78	ウマ ……………………………… 85
ネズミ …………………………… 79	コアラ …………………………… 86
ヤマネ …………………………… 79	カンガルー ……………………… 86
ウサギ …………………………… 80	クジラ・イルカ ………………… 87
イヌ ……………………………… 81	◎水中で生活するそのほかのほ乳類 … 87
キツネ …………………………… 81	サル ……………………………… 88
ライオン ………………………… 82	カモノハシ ……………………… 88
クマ ……………………………… 83	ヒト ……………………………… 89
ウシ ……………………………… 84	

●動物の重要点のまとめ …… 90　　●さくいん ………………… 94

□ 別冊　入試に出る動物完全攻略　中学入試過去問集

Guide

この本の特長と使い方

- ☐ 分類ごとにまとまっているので、系統立てて学習することができます。
- ☐ 出題ランキング順位を示してあるので、よく出るものを優先的に学習できます。
- ☐ 調べたい動物を、巻末のさくいんから探すこともできます。
- ☐ 各分類の最初のページでは、そのなかまに共通の、最も重要なポイントがまとめてあります。試験直前の確認に使えます。

解説のページ

データ
その動物の分類名やよく出る特ちょうを整理して、ひとめでわかるようにまとめてあります。
※「目」や「科」などは動物の分類を表すものです。同じ「目」や「科」の動物は、それぞれ似た特ちょうをもっています。

ランキング
上位のものは優先的に学習しましょう。

問題へのリンク
別冊の中学入試過去問集にある、その動物をあつかっている問題のページです。

出るマークや赤文字
入試でよく出る内容です。

メモ
*のついた用語の解説や、発展情報などがあります。

◎おうちの方へ

　この本の動物のタイトルは、「モンシロチョウ」のような種名と「アリ」のような総称名とが混在しています。これは、中学入試に出題されやすい呼び方をタイトルとしているためです。動物の解説も、おもに中学入試によく出題される種類に関して記載してあります。
　ご存知のように、生物は非常に多くの種類が存在し、分類として同じなかまでも、種によって多様な生活パターンや体の特徴をもっています。この本では、入試に出る種類・内容にしぼって掲載しています。もし疑問がわいたら、図鑑やインターネットなどを使って、お子さん自らに調べさせるとよいでしょう。そうして得た知識は忘れにくく、確実にお子さんの力になっていきます。この本をお子さんの理科力アップに役立てていただければ幸いです。

Chapter 01

昆虫
(こんちゅう)

- ▶ セキツイ動物
- ▼ 無セキツイ動物
  - 節足動物 ─ 昆虫類
    - クモ類
    - 多足類
    - 甲殻類
  - 環形動物
  - 軟体動物 など

モンシロチョウ・アゲハ・カイコガ・セミ・ミツバチ・アリ・トノサマバッタ・コオロギ・カマキリ・トンボ・カ・ハエ・テントウムシ・カブトムシ・クワガタムシ・コガネムシ・ホタルなど

✓ ここだけ！重要ポイント

★昆虫の体

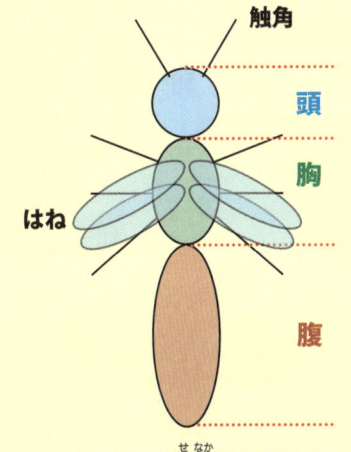

▲昆虫を背中側から見た図
（触角・頭・胸・はね・腹）

昆虫に共通の特ちょう！

- ◎ 頭・胸・腹の3つに分かれる。
- ◎ 胸にあしが6本ついている。
- ◎ はねは胸についている。
  はねの数は、種類によってちがう。チョウなどのように4枚あるものや、アブのように2枚のもの、はねがないものもいる。
- ◎ 頭に触角が2本ある。

★昆虫の育ち方

◎**完全変態**（かんぜんへんたい）… さなぎの時期がある。

卵 ⇨ 幼虫 ⇨ **さなぎ** ⇨ 成虫

☞ チョウ・ガ・ハチ・アリ・カ・ハエ・テントウムシ・カブトムシ・ホタル など

◎**不完全変態**（ふかんぜんへんたい）… さなぎの時期がない。

卵 ⇨ 幼虫 ⇨ 成虫

☞ セミ・バッタ・コオロギ・カマキリ・トンボ など

⑤

無セキツイ動物 ＞ 節足動物 ＞ 昆虫類

〈チョウ〉モンシロチョウ

出る率 1位

問題 別冊2ページ①、6ページ⑤

チョウ目シロチョウ科
データ
育ち方：**完全変態**
成虫が見られる時期：3月〜初冬
冬ごし：**さなぎ**
特ちょう：幼虫は**キャベツ**などを食べる。成虫は**吸う口**をもち、花のみつを吸う。
●飼い方⇨28ページ

実際の大きさ

★モンシロチョウの一生

モンシロチョウは、幼虫の食べ物になる**キャベツやアブラナの葉**の裏に卵を産みます。幼虫はキャベツの葉などを食べながら、**脱皮**＊を4回くり返して大きくなっていき、さなぎになったあと、成虫になります。チョウのなかまはこのように、**卵⇨幼虫⇨さなぎ⇨成虫**と姿を変えて成長します。このような成長のしかたを**完全変態**といいます。

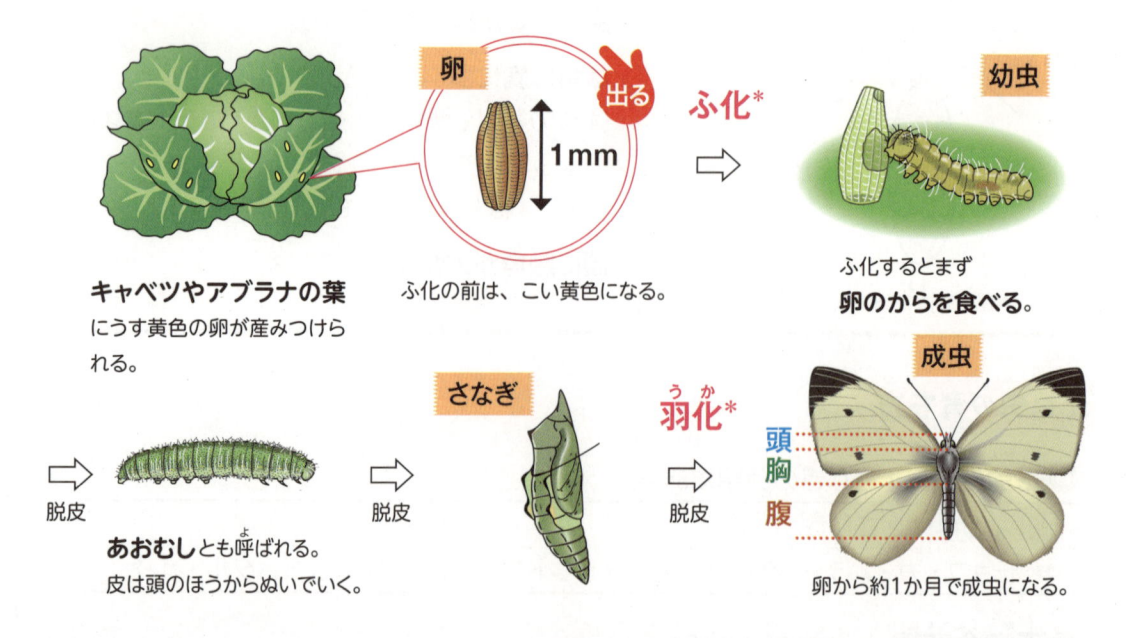

卵 出る
1mm
ふ化の前は、こい黄色になる。

キャベツやアブラナの葉
にうす黄色の卵が産みつけられる。

ふ化＊

幼虫
ふ化するとまず**卵のからを食べる。**

脱皮
あおむしとも呼ばれる。
皮は頭のほうからぬいでいく。

脱皮

さなぎ

羽化＊

脱皮

成虫
頭・胸・腹
卵から約1か月で成虫になる。

春から初冬にかけて、このサイクルを5〜6回くらいくり返します。初冬ごろにふ化した幼虫はさなぎになったあと羽化せず、**さなぎ**のままで冬をこします。

MEMO　＊脱皮…皮をぬぐこと。昆虫などは、古い皮をぬぐことをくり返して大きくなっていく。　＊ふ化…卵から幼虫がかえること。　＊羽化…さなぎや幼虫が脱皮して成虫になること。

★体の特ちょうと食べ物

◎**幼虫**…幼虫には、16本のあしがあります。そのうち前の6本の**胸脚**はつめのついたあしです。腹には、**腹脚**と**尾脚**という、**吸ばん**のようになっているあしがあります。腹脚と尾脚は成虫になるとなくなります。

また、**キャベツ**や**アブラナの葉**などを食べるので、**かじる口**をもっています。

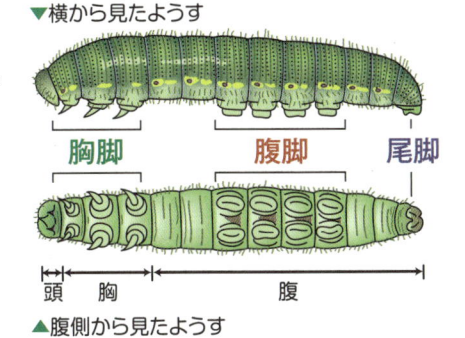

▼横から見たようす

胸脚　腹脚　尾脚

頭　胸　腹

▲腹側から見たようす

◎**成虫**…成虫は**花のみつ**を食べます。花のみつは花のおくのほうにあるので、花のおくにさしこみやすいように、細長い管のような**吸う口**になっています。目は**複眼**です。はねは胸に**4枚**ついていて、**りん粉**という粉でおおわれています。

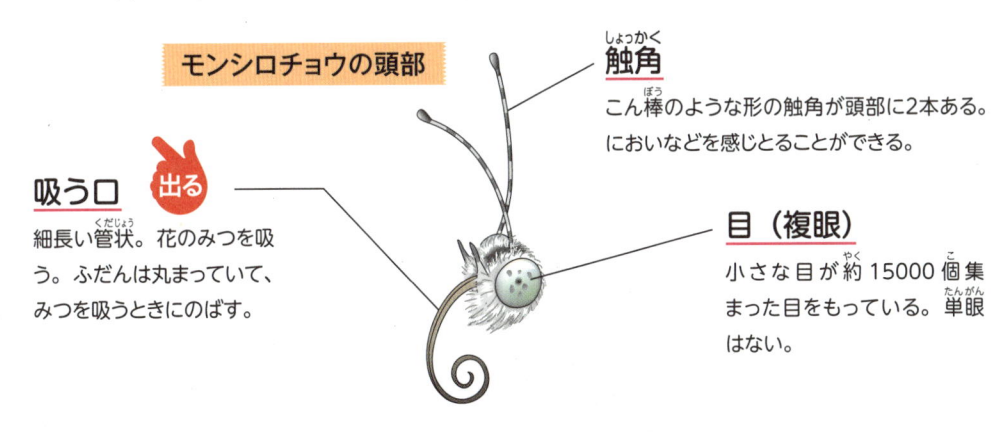

モンシロチョウの頭部

触角
こん棒のような形の触角が頭部に2本ある。においなどを感じとることができる。

吸う口（出る）
細長い管状。花のみつを吸う。ふだんは丸まっていて、みつを吸うときにのばす。

目（複眼）
小さな目が約15000個集まった目をもっている。単眼はない。

◎ テストに出るチョウのなかま

キアゲハ
成虫▲
幼虫▶
食べ物…ニンジン、パセリの葉など

オオムラサキ
成虫（おす）▲
雑木林でクヌギの樹液を吸う。
幼虫▶
食べ物…エノキなどの木の葉

MEMO　オオムラサキなどのタテハチョウ科のチョウの成虫は、あしが4本しかないように見えるが、いちばん前の2本は、いつも胸に沿わせているため見えにくいだけで、6本ある。この2本はにおいを感じるセンサーのはたらきをする。

無セキツイ動物 ＞ 節足動物 ＞ 昆虫類

出る率1位 〈チョウ〉アゲハ（アゲハチョウ）

▶問題 別冊2ページ[2]

> **データ**
> チョウ目アゲハチョウ科
> 育ち方：**完全変態**
> 成虫が見られる時期：3月〜秋
> 冬ごし：**さなぎ**
> 特ちょう：幼虫は**ミカンの葉**など を食べる。成虫は**吸う口**をもち、花のみつを吸う。

ナミアゲハ

　アゲハは、幼虫の食べ物になる**ミカン**や**カラタチ**の葉に卵を産み、モンシロチョウと同じように、**完全変態**をします。春から秋に卵から成虫までのサイクルを4〜5回くらいくり返し、**さなぎ**で冬をこします。

卵 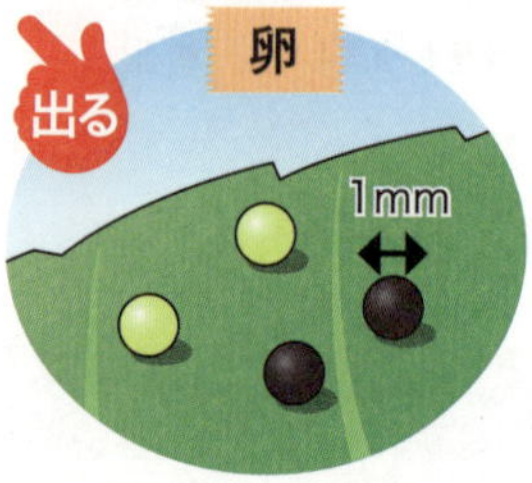
1mm
ミカンの葉に産みつけられた卵。こい色の卵はふ化直前。

ふ化 ⇒

幼虫（3れい幼虫） 
1〜3回目の脱皮をした幼虫（2〜4れい幼虫）は、**鳥のふんにぎ態*している。**

脱皮 ⇒

目玉模様があり、敵をおどかす。 
4回目の脱皮をした幼虫（終れい幼虫）。

体をしげきすると、**においの出るつのを出す。**

脱皮 ⇒ **さなぎ**
羽化 ⇒ **成虫** 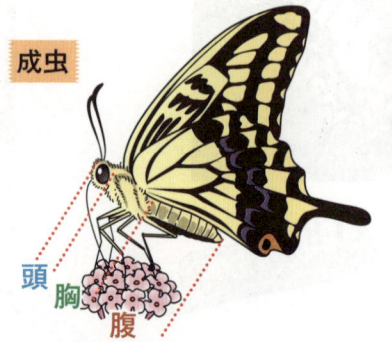
頭　胸　腹
卵から約1か月で成虫になる。

MEMO ＊ぎ態…アゲハのなかまの幼虫は、鳥のふんに似た体をしているものが多い。このような姿はほかの動物に見つかりにくいので、生き残りやすくなる。このように何か別のものの姿に形や色などを似せることをぎ態（擬態）という。

8

無セキツイ動物 ＞ 節足動物 ＞ 昆虫類

出る率11位 カイコガ（カイコ）

> 問題 別冊3ページ ③

チョウ目カイコガ科
育ち方：**完全変態**
特ちょう：幼虫は**クワの葉**を食べる。さなぎの**まゆ**は、**きぬ糸**の原料となる。めすはフェロモンを出しておすを呼ぶ。

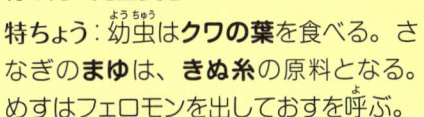

カイコガのまゆ

※「カイコ」はおもにカイコガの幼虫のことをさすが、成虫のこともカイコと呼ぶことがある。

　カイコガは、古くから人間に飼育され、そのまゆからとれる**きぬ糸**の原料として適するように改良されてできた昆虫で、人が世話をしないと生きていけません。

★カイコガの育ち

　カイコガは**完全変態**をします。カイコガの幼虫は、**クワ**（桑）の**葉**を食べて育ちます。幼虫は、4回脱皮をくり返して大きくなり、まゆをつくって、まゆの中でさなぎになります。羽化して成虫になっても、**口が退化***して小さくなっていて何も食べません。おすもめすも羽はありますが、飛ぶこともできません。羽化したおすは、めすが出すわずかな量の**フェロモン**（においのようなもの）を**触角***で感じ取り、めすに近づいて交尾をします。めすの姿が見えていても、フェロモンがとどかないとおすはめすに近づきません。

◎いろいろな姿で冬ごしをするガのなかま

ガのなかまは、まゆなどをつくって冬をこす種類が多くいます。

イラガのまゆ 出る

◀イラガは、木の枝にかたいまゆをつくり、幼虫（前蛹というさなぎの前の段階の幼虫）の姿で冬をこします。

ミノガの幼虫（ミノムシ）は、▶秋ごろに小枝や葉でみのをつくり、幼虫の姿で冬をこします。

ミノガ（オオミノガ）のみの

MEMO
＊退化…その生物が種として発生したとき、ある器官が小さくなったり、なくなったりしてしまうこと。
＊ガの触角は、チョウとちがい、「くし」のような形をしているものが多い。

無セキツイ動物 ＞ 節足動物 ＞ 昆虫類

出る率5位 セミ（アブラゼミ）

→問題 別冊3ページ③、6ページ⑤

カメムシ目セミ科
育ち方：**不完全変態**
成虫が見られる時期：7月〜9月
冬ごし：1年目**卵**、2年目以降**幼虫**
特ちょう：発音膜をふるわせて**鳴く**（おすだけ）。幼虫も成虫も**さして吸う口**をもち、**樹液**を吸う。

鳴き声▶（アブラゼミ）ジージージー

アブラゼミ
はねが茶色く不透明

★セミの育ち

セミのなかまは、**卵⇒幼虫⇒成虫**と姿を変えて成長します。チョウのようにさなぎの時期がありません。このような成長のしかたを**不完全変態**といいます。

★セミの一生

かわいた木の中に産みつけられた卵は、次の年の6月ごろにふ化します。幼虫は木の表面に出てきて土の上に落ち、発達したあしで土の中にもぐりこみます。幼虫は、**さして吸う口**を木の根にさしこんで**樹液**を吸います。セミは**幼虫の時期が大変長く**、アブラゼミでは6年間を過ごします。種類によっては10年以上のものもいます。

成長した幼虫は、夏になると木にのぼってきて羽化し、成虫になります。おすは**鳴き声**でめすを引き寄せて交尾をし、めすが木の中に卵を産みます。成虫は**さして吸う口**で幹から**樹液**を吸いますが、数週間から、長くても1か月くらいしか生きられません。

卵 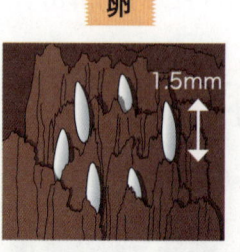
1.5mm
夏に産みつけられた卵は、次の年の6月ごろにふ化する。

ふ化⇒

幼虫 
土の中で脱皮をくり返して成長しながら6年間を過ごす。**吸う口**で樹液を吸う。

羽化⇒

成虫

▲ぬけがら

MEMO 羽化している間は外敵からの攻撃に弱いので、夕方から夜にかけて行われる。また、ぬけがらは種類によって特ちょうがあり、いつまでも残るので、生息数調査などの試料に使われる。

★体の特ちょう

セミのおすは、めすを引き寄せるために鳴きます。おすには**鳴くための器官**（**発音膜**や**腹弁**）があります。腹の中には大きな空間があり、ここでまくの振動をひびかせて大きな音を出します。

鳴かないめすは、腹の中に発達した**卵巣**をもち、**産卵管**があります。

セミは、幼虫も成虫も樹液を吸うので、**さして吸う口**をもっています。

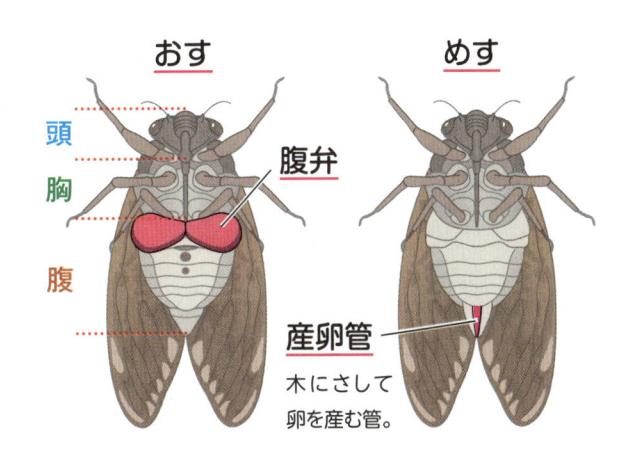

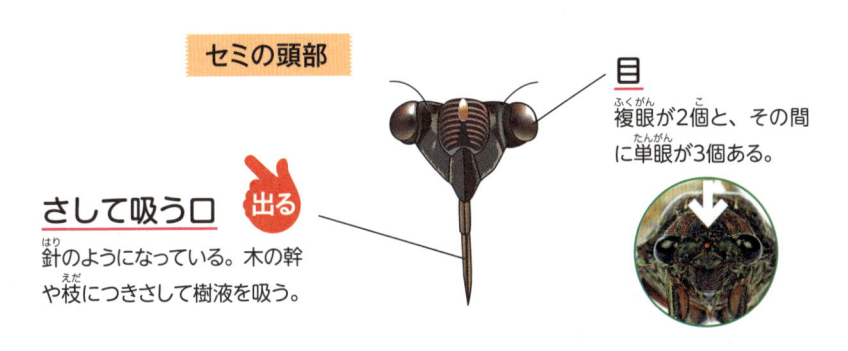

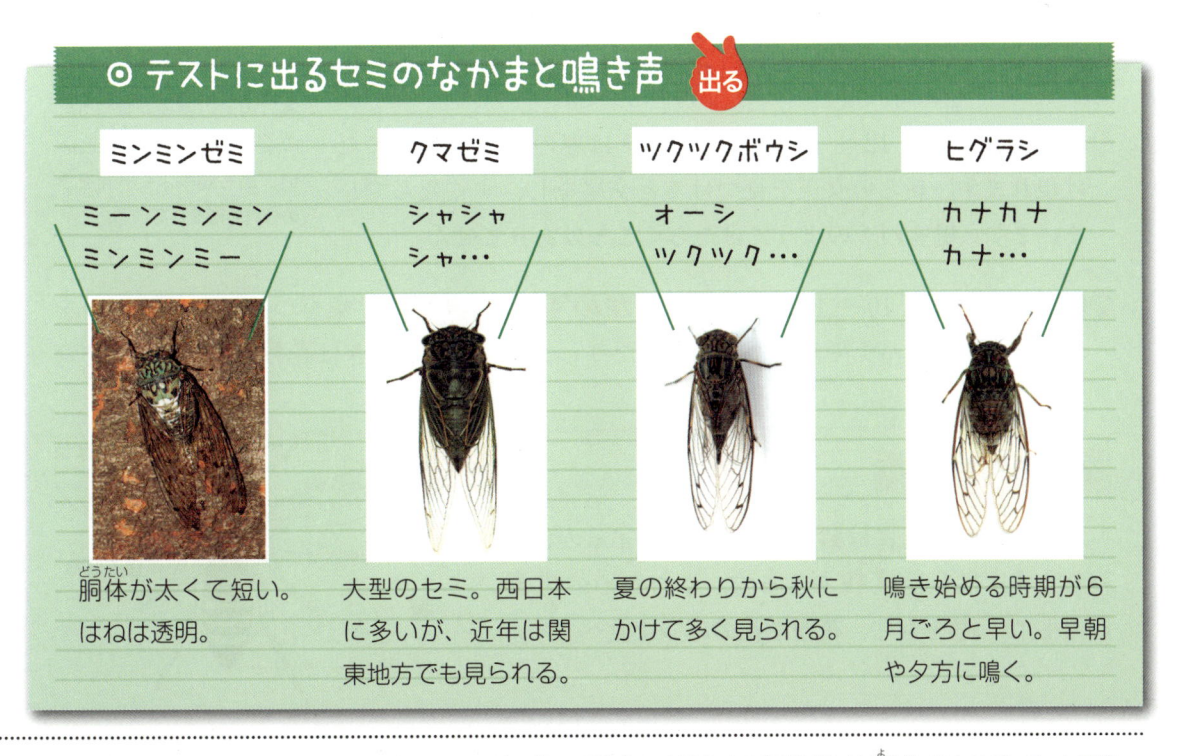

おす　**めす**
頭
胸
腹

腹弁

産卵管
木にさして卵を産む管。

セミの頭部

目
複眼が2個と、その間に単眼が3個ある。

さして吸う口
針のようになっている。木の幹や枝につきさして樹液を吸う。

◎ テストに出るセミのなかまと鳴き声

ミンミンゼミ	クマゼミ	ツクツクボウシ	ヒグラシ
ミーンミンミンミンミンミー	シャシャシャ…	オーシツクツク…	カナカナカナ…
胴体が太くて短い。はねは透明。	大型のセミ。西日本に多いが、近年は関東地方でも見られる。	夏の終わりから秋にかけて多く見られる。	鳴き始める時期が6月ごろと早い。早朝や夕方に鳴く。

MEMO アメリカにすむセミの中に、13年または17年ごとに周期的に大発生する「周期ゼミ」と呼ばれるものがいる。大量発生すると敵に食べつくされないため、生存率が高くなる。

無セキツイ動物 > 節足動物 > 昆虫類

出る率4位 ミツバチ

▶問題
別冊4ページ 4

データ
ハチ目ミツバチ科
育ち方：**完全変態**
成虫が見られる時期：春～秋
はねの数：**4枚**
特ちょう：女王バチ、働きバチ、おすバチがそれぞれの役割をもって**社会生活**する。**花粉を運んで**植物を受粉させる。

ミツバチ（働きバチ）

★ミツバチの社会

　ミツバチは、巣をつくって女王バチを中心にした<u>社会生活</u>をしています。1つのグループは**1匹の女王バチ**（めす）と多数の**働きバチ**（めす）、**複数のおすバチ**（おす）でできています。

◎**女王バチ**…体長13～20mm。女王バチは幼虫のとき、巣の王台で**ローヤルゼリー**をあたえられて育ちます。これによって**卵巣**が発達し、おすバチと交尾をして大量に卵を産みます。

◎**おすバチ**…体長12～17mm。おすバチは春の交尾の時期にだけ現れます。新しい女王を見つけると交尾をし、すぐ死んでしまいます。働きバチのようにはたらくことはありません。

◎**働きバチ**…体長10～15mm。**すべてがめす**のハチです。巣をつくったり、みつを集めたり、女王バチや幼虫の世話をしたりします。幼虫のときは**花粉**と**はちみつ**で育てられます。

巣のつくり

▲六角形の部屋が集まったつくり。ハニカム構造といい、最も効率よく平面をうめられる形をしている。

★体の特ちょう

　めすの腹の先端には**針***があり、身を守るのに使われます。はねは**4枚**あります。かむための**大あご**と**吸う口**をもち、**花粉や花のみつ**を食べます。

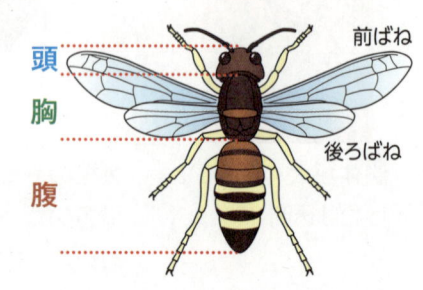

頭／胸／腹　前ばね／後ろばね

MEMO　*ハチの針は、卵を産む管（産卵管）が変化したもの。ミツバチの働きバチがさすことができるのは一度だけである。
*虫媒花…昆虫などによって花粉が運ばれ、受粉する植物。　*受粉…植物のめしべにおしべの花粉がつくこと。

★ミツバチと植物

ハチは、**後ろあしのつけ根**に、花粉やみつをだんご状にまとめて（**花粉だんご**）巣に運びます。ハチは体中に花粉をつけて花から花へ飛び回るので、**虫媒花***の植物の花粉を運んで**受粉***させるのに重要な役割を果たしています。

▲花粉だんごをつけた働きバチ

★ハチの育ち

ハチのなかまは、さなぎの時期がある**完全変態**をします。成虫の働きバチは、幼虫（働きバチやおすバチ）に花粉やはちみつをあたえて世話をします。

★ミツバチのことば「8の字ダンス」

働きバチは花のみつのありかを見つけると、巣にもどってなかまの働きバチに伝えます。巣から見た太陽の位置をもとに、みつの位置を**8の字ダンス**をして知らせるのです。こうして効率よくみつを集めることができるのです。

太陽の方向に花がある場合。距離が近いとダンスのテンポが速くなる。

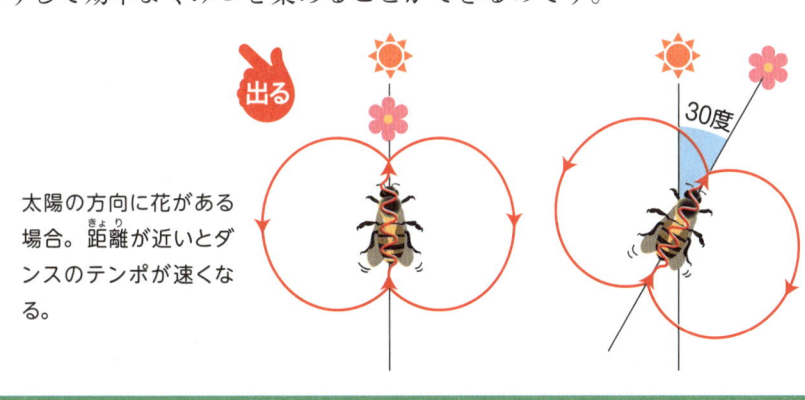

太陽の右30度方向に花がある場合。距離が遠いとダンスのテンポがおそくなる。

◎ テストに出るハチのなかま

スズメバチ

ハチ目スズメバチ科。体長30mm以上にもなる大型のハチ。攻撃性が強く**肉食**で、ほかの昆虫などを食べる。女王バチを中心にして社会生活を行う。樹皮などをだ液と混ぜて紙の原料のようにしたものを使って、六角形の部屋が集まった巣をつくる。

マルハナバチ

ハチ目ミツバチ科。花のみつや花粉を食べ、ハウス栽培のトマトなどの**花粉を運ぶ**のに利用される。トマトの受粉には、外来種（→54ページ）のセイヨウオオマルハナバチが利用されるが、北海道ではにげ出して野生化したものが問題になっている。

MEMO ハチなどの昆虫類は、紫外線という人には見えない光を感じることができる。花を紫外線で見ると、花のみつがあるところへ向かってすじのようなもようが見えるものがある。ハチなどは、すじをたどるとみつがあると知っているのである。

無セキツイ動物 > 節足動物 > 昆虫類

出る率15位 アリ

→問題 別冊4ページ④

ハチ目アリ科
育ち方：**完全変態**
はねの数：**0枚**（働きアリ）
冬ごし：おもに**成虫**
特ちょう：女王アリ、働きアリ、おすアリがそれぞれの役割をもって**社会生活**する。**アブラムシ**と**共生**するものもいる。

クロヤマアリと巣
©OPO

★アリの社会と育ち

　アリはスズメバチにとても近いなかまで、ハチと同じように**社会生活**をする昆虫です。1つのグループは、1匹（数匹いる種類もあります）の**女王アリ**と、多数の**働きアリ**、**おすアリ**で構成されています。働きアリはすべてめすです。

　年に数回、はねをもった新女王アリとおすアリが、巣から分かれて新しい巣を作ります。女王アリは飛びながらおすアリと交尾をしたあと、**土の中**などにつくった**巣**の中でたくさんの卵を産みます。卵がふ化すると、働きアリによって世話をされ、**完全変態**をして、多くは**働きアリ**になります。冬は、巣の中でおもに**成虫**の姿で冬をこします。

★アリの食べ物

　アリの多くは肉食ですが、草食、雑食のものもいます。アリは食べ物のありかを見つけると、**道しるベフェロモン**（においのようなもの）を出しながら巣に帰ります。なかまの働きアリはそのフェロモンをたどって食べ物と巣を往復するため、**アリの行列**ができます。

　また、アリはアブラムシが出すあまいしるが好物で、**アブラムシ**と**共生**している種類もいます（→24ページ）。

★体の特ちょう

　体は頭、胸、腹に分かれていて、胸にあしが**6本**あります。**働きアリ**には、**はねがありません***。大きなあごの**かむ口**をもっています。

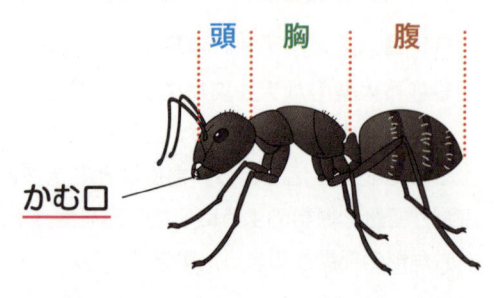

頭　胸　腹
かむ口

MEMO ＊アリのはね…女王アリとおすアリには、はねが4枚あるが、女王アリは、交尾のあとにはねを落とす。
シロアリ…木材を食いあらすシロアリは、アリのなかまではなく、ゴキブリに近いなかまである。

無セキツイ動物 ＞ 節足動物 ＞ 昆虫類

出る率6位 トノサマバッタ

→問題 別冊2ページ①、②

バッタ目バッタ科
育ち方：**不完全変態**
成虫が見られる時期：7月〜11月
冬ごし：**卵**
特ちょう：**草食**。左右にひらく**かむ口**をもっている。

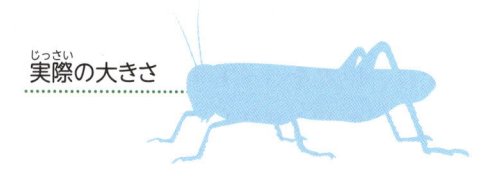

実際の大きさ

★体の特ちょう

体は頭・胸・腹に分かれていて、胸にあしが**6本**あり、**太い後あし**で大きくはねることができます。はねは胸に**4枚**あります。目は3個の**単眼**と2個の**複眼**があります。後あしのつけねに耳（こまく）があります。腹には、呼吸をする穴である**気門**があり、はっきり見えます。めすの腹の先端には**産卵管**があり、腹の先を土の中にさしこんで産卵します。

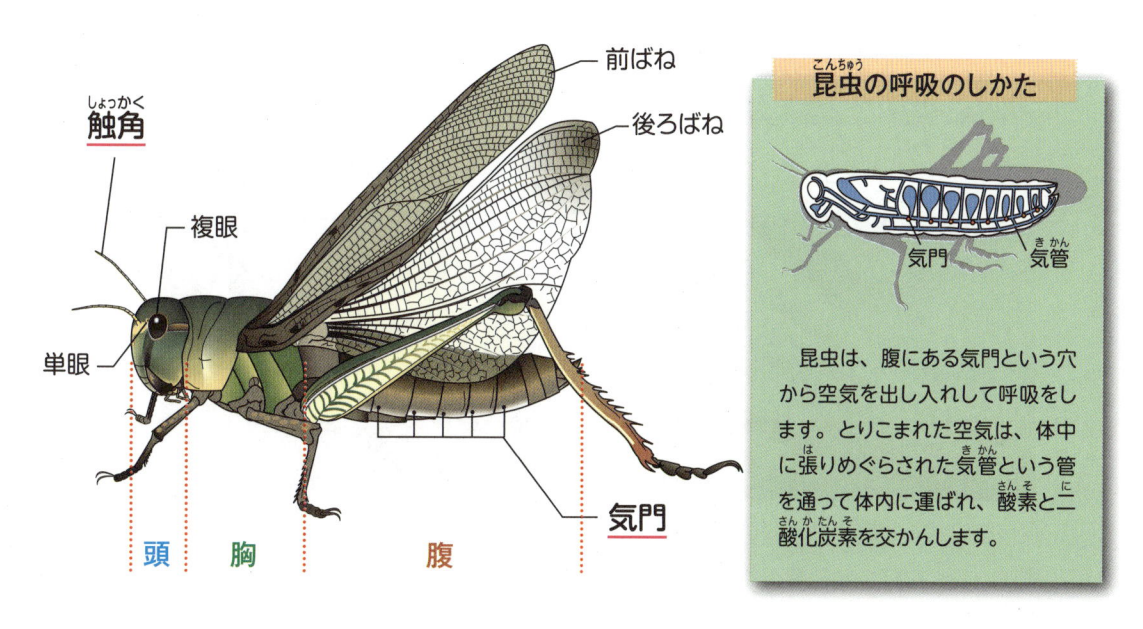

触角
複眼
単眼
頭　胸　腹
前ばね
後ろばね
気門

昆虫の呼吸のしかた

気門　気管

　昆虫は、腹にある気門という穴から空気を出し入れして呼吸をします。とりこまれた空気は、体中に張りめぐらされた気管という管を通って体内に運ばれ、酸素と二酸化炭素を交かんします。

次ページに続く。

無セキツイ動物 ＞ 節足動物 ＞ 昆虫類

★トノサマバッタの口と食べ物

トノサマバッタは**イネ**の葉などを食べる**草食**です。あごが左右に広がる、**かむ口**をもっています。

バッタのなかまの多くは草食ですが、キリギリスのなかまは肉食の種類も多くいます。

かむ口

★トノサマバッタの一生

バッタのなかまは、さなぎの時期がない**不完全変態**をします。春に卵からふ化した幼虫は、脱皮を5〜6回くり返して成長し、夏には成虫になります。成虫は交尾をし、秋ごろになると、めすは土の中に卵を産みます。**卵で冬をこします**。

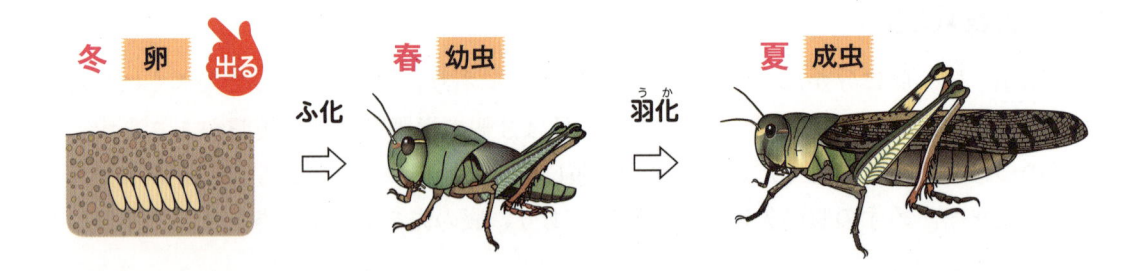

冬 卵 → ふ化 → 春 幼虫 → 羽化 → 夏 成虫

◎ テストに出るバッタのなかま

イナゴ
バッタ目バッタ科。イネ科の植物の害虫。つくだににして食べることがある。

ショウリョウバッタ
バッタ目バッタ科。日本では最大のバッタ。めすが大きく、75mmにもなる。頭部がとがっている。体の色は周囲の環境に影響される。

無セキツイ動物 > 節足動物 > 昆虫類

コオロギ（エンマコオロギ）

▶問題
別冊2ページ②、3ページ③

データ

バッタ目コオロギ科
育ち方：**不完全変態**
成虫が見られる時期：8月～9月
冬ごし：**卵**
特ちょう：おすは、**前ばねをすり合わせて音を出す（鳴く）。**
鳴き方▶コロコロコロリーリーリー
●飼い方⇨28ページ

鳴くエンマコオロギ（おす）

　コオロギの育ち方は、バッタと同じで**不完全変態**をします。春に卵からふ化した幼虫は、脱皮をくり返して成長し、夏ごろに成虫になります。秋に産卵し、**卵で冬をこします。**
　体は頭・胸・腹に分かれていて、胸についている太い後あしで大きくはねることができます。コオロギのおすは、おす同士の争いのときやめすを引き寄せるために、**はねをこすって鳴きます**。この音は**前あし**についている**耳**（こまく）で聞きます。めすは大きな**産卵管**をもち、**土の中**に産卵します。

◎ 秋に鳴く昆虫―コオロギやキリギリスのなかま 出る

スズムシ	マツムシ	キリギリス
リーンリーン	チンチロリン	ギースチョン
バッタ目スズムシ科	バッタ目マツムシ科	バッタ目キリギリス科

MEMO コオロギは幼虫も成虫も雑食で、草の葉などの植物や小さな虫などをとって食べる。共食いをすることもある。

無セキツイ動物 ＞ 節足動物 ＞ 昆虫類

出る率9位 カマキリ

問題 別冊2ページ①

カマキリ目
育ち方：**不完全変態**
成虫が見られる時期：8月〜9月
冬ごし：**卵**（卵のうの中に入っている。）
特ちょう：前あしが大きなかまのようになっている。卵のうの中に卵を産む。

オオカマキリ
カマキリの卵のう

★カマキリの一生

　カマキリは**不完全変態**をします。めすは**卵のう**＊の中に多数の卵を産みつけます。春になると卵がふ化し、たくさんの幼虫が生まれます。さなぎの時期はなく、幼虫は脱皮をくり返して成長していきます。夏ごろに羽化して成虫になります。成虫は交尾をして、秋に卵を産み、卵のうの中で、**卵**の姿で冬をこします。

冬 卵 → ふ化 → 春 幼虫 → 春〜夏 幼虫 → 羽化 → 秋 成虫

卵のうの中に卵が入っている。

脱皮をして大きくなる。

逆さになって卵のうの中に卵を産む。

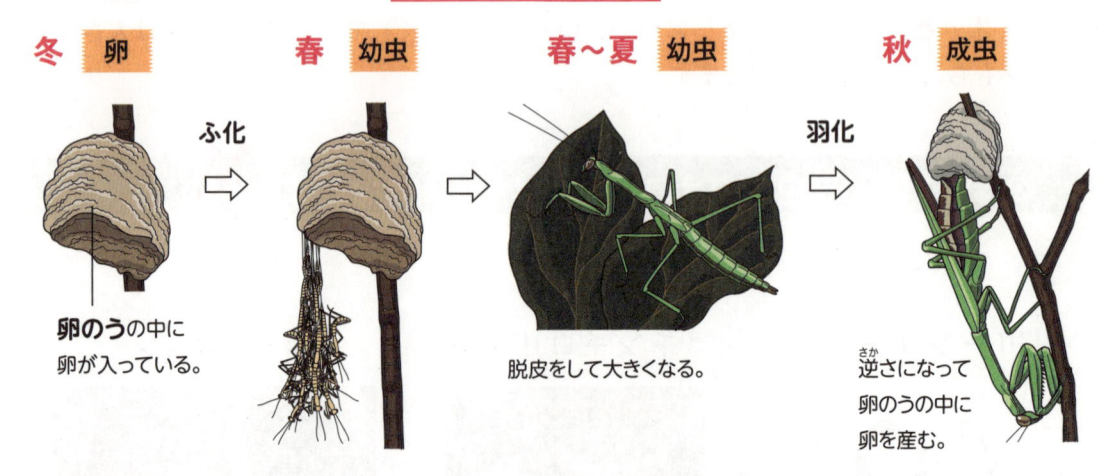

★体の特ちょう

　肉食で、かまのような**前あし**で昆虫などのえものをとらえ、するどくとがった**かむ口**でえものを食べつくします。頭部は逆三角形で、2個の**複眼**と3個の**単眼**をもちます。

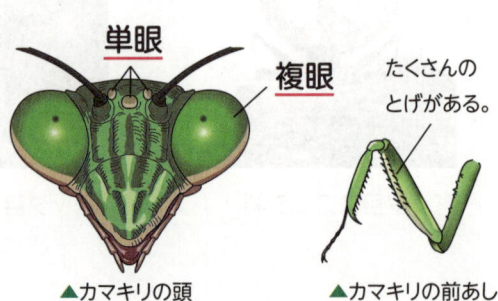

単眼
複眼
たくさんのとげがある。

▲カマキリの頭　　▲カマキリの前あし

MEMO　＊カマキリの卵のう…卵を包んでいるスポンジ状のかたまり。卵を寒さやしょうげきから守る。
大きな複眼の中に黒い点が見られ、常に見ている人のほうに向いているように見える。これを偽瞳孔という。

無セキツイ動物 > 節足動物 > 昆虫類

出る率 10位 トンボ（シオカラトンボ）

▶問題
別冊2ページ①、②、6ページ⑤

トンボ目
育ち方：**不完全変態**
成虫が見られる時期：4月〜11月
冬ごし：**幼虫（やご）**
呼吸：幼虫…**えら**
　　　成虫…気門から空気をとり入れる。
特ちょう：幼虫は**やご**と呼ばれ、淡水の水中にすむ。幼虫も成虫も**かむ口**をもつ。

シオカラトンボ（おす）（トンボ科）

★トンボの一生

トンボはさなぎの時期がない**不完全変態**です。水中や水草のくきなどにめすが卵を産みつけます。それがふ化した幼虫は、**やご**と呼ばれます。

◎**トンボの幼虫「やご」**…やごは腸の一部が**えら**になっていて、おしりから水を出し入れして**呼吸**をします。また、やごは成虫と同じ**肉食**で大きな下あごと**かむ口**をもち、水中で**メダカ**や**おたまじゃくし**などをつかまえて食べます。やごは種類によって7回〜14回脱皮をくり返して成長します。成長したやごは、水中から出て最後の脱皮をし、成虫になります。

卵	幼虫（やご）	成虫
⇒ふ化	⇒羽化	頭／胸／腹
シオカラトンボの卵は水中に産みつけられる。1か月くらいでふ化する。	水中の小さな虫などを食べるための**かむ口**をもっている。**えら**で呼吸する。	シオカラトンボのめす

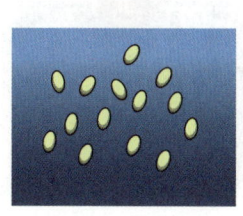

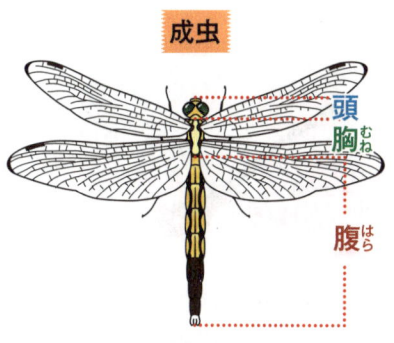

シオカラトンボは縄張りをもち*、縄張りをパトロールしてほかのトンボを追いはらいます。やがておすとめすが出会うと交尾をし、水中に産卵*します。シオカラトンボはこのサイクルを1年に2回くらいくり返し*、**幼虫（やご）**で冬をこします。次ページに続く。

MEMO
＊縄張りをもつので、飼うときは1匹ずつにする。　＊産卵はおすとめすが交尾器を合わせてつながったまま行う種類と、めすだけで行う種類がある。　＊トンボは、やごの期間や寿命、冬ごしのしかたが種類によって大きくちがう。

19

無セキツイ動物 ＞ 節足動物 ＞ 昆虫類

★体の特ちょう

◎**頭**…トンボは大きな**複眼**でおおわれた頭部が特ちょうです。頭がよく動き、ほぼ360度周囲を見わたすことができます。カやハエ、チョウなどをとらえて食べる**肉食**で、内側に曲がった**かむ口**をもっています。

シオカラトンボの頭部

触角
触角は短め。外部の情報のほとんどは大きな複眼で得る。

目（複眼）
たくさんの小さな目が集まってできている大きな**複眼**が2個ある。また、単眼も3個ある。単眼では光を感じる。

かむ口　出る
左右に動く**かむ口**。大きなあごがあり、飛んでいるハエなどをとらえて食べる。

◎**胸**…胸部には大きなはねが**4枚**と、えものをつかまえる**6本**のあしがあります。内部にはそれらを動かすための筋肉があります。

◎**腹**…腹部は細長くなっています。よく観察すると、一定のリズムで動いているのがわかりますが、これは呼吸をしているためです。昆虫は、腹にある**気門**というあなから空気をとり入れ、体の内部にある**気管**で、酸素と二酸化炭素を交かんし、呼吸をします（→15ページ）。

◉ テストに出るトンボのなかま

オニヤンマ 
トンボ目オニヤンマ科。日本最大のトンボ。林道や小さな川沿いに縄張りをもちパトロールするので、同じ場所で観察するとよい。幼虫の期間が5年と長い。

アキアカネ 
トンボ目トンボ科。代表的な赤とんぼ。羽化した後、夏の間は山の高いところに移動し、秋になると里に下りてくる。卵で冬をこす。

オツネントンボ 
トンボ目アオイトトンボ科。多くのトンボが幼虫で冬をこすが、オツネントンボは成虫のまま冬をこし、春早くから活動するところが見られる。

MEMO 水田にはウンカなどイネにとっての害虫がいる。トンボはそのような害虫を食べるので、益虫とされている。以前は、農薬をまいて害虫ともどもトンボなども殺してしまっていたが、近年本来の生活環境にもどす運動が行われている。

無セキツイ動物 > 節足動物 > 昆虫類

カ

問題 別冊4ページ ④

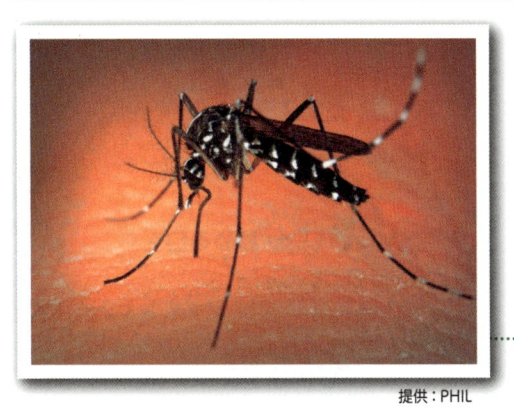

ハエ目カ科
育ち方：**完全変態**
はねの数：**2枚**（後ろばねが退化している。）
特ちょう：幼虫は**ボウフラ**と呼ばれ、水中にすむ。成虫は**さして吸う口**をもち、めすは動物の血を吸う。

ヒトスジシマカ
提供：PHIL

実際の大きさ

★体の特ちょう

　カの成虫は、長い**さして吸う口**をもっています。動物の体に口をさして血を吸うのはめすで、おすは花のみつなどを吸って生活しています。

　カが血を吸うとき、まずだ液を入れて麻酔をしますが、それが動物にとって毒なので、さされるとかゆみを感じるのです。カは病気の原因となるウイルス*を運ぶ場合もあり、日本では**コガタアカイエカ**が**日本脳炎**という伝染病を媒介*します。

　カは、後ろばねの2枚が退化していて、見かけ上**はねが2枚**しかない昆虫です。

★カの育ち

　カは、**完全変態**をします。カの幼虫は、**ボウフラ**と呼ばれます。カの幼虫とさなぎは**水中**で生活し、成虫は**陸上**で生活します。

卵 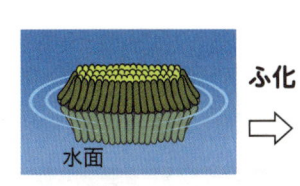
水面に産みつけられ、水にうかんでいる。

ふ化 →

幼虫（ボウフラ）
呼吸管　水面
約5mm
幼虫は水面に上がって**呼吸管**を出して呼吸する。幼虫は水底にたまった生物の死がいなどを食べる。

脱皮 →

さなぎ（オニボウフラ） 
呼吸管
さなぎは何も食べないが、水面に上がって呼吸するため、活発に運動する。

羽化 →

成虫 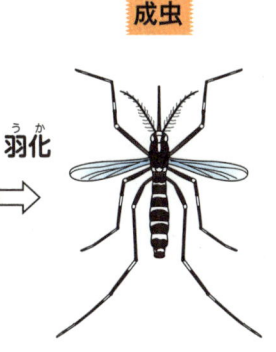
さして吸う口をもつ。

MEMO
＊ウイルス…ほかの生物の体に入ってふえるとても小さな病原体。細菌などとはちがい、生物ではない。
＊媒介…両者の間に入って仲立ちをすること。

無セキツイ動物 ＞ 節足動物 ＞ 昆虫類

ハエ（イエバエ）

> ハエ目
> 育ち方：**完全変態**
> はねの数：**2枚**（後ろばねが退化している。）
> 特ちょう：成虫は**なめる口**をもつ。幼虫を**うじ**という。

実際の大きさ

　ハエの成虫は、**なめる口**をもっていて、さまざまなものを食べます。死んだ動物やふんなどをなめとるため、衛生面で大きな問題が生じることがあります。しかし、**幼虫（うじ）**は動物の死がいなどを細かく分解するので益虫としての面もあわせもっています。
　成虫は**はねが2枚**あり、後ろばねは**退化**しています。飛ぶ能力が大変高く、空中で停止したり突然飛ぶ方向を変化させたりできます。
　また、ハエは**さなぎ**の時期がある**完全変態**をします。

ハエの頭部

なめる口
植物や動物のふんなど、あらゆるものをなめて食べる。

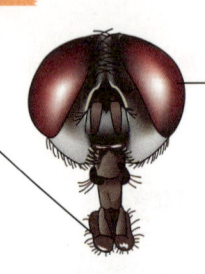

目（複眼）
複眼が2個あり、単眼も3個ある。

ハエのはね
（はね1枚のようす）

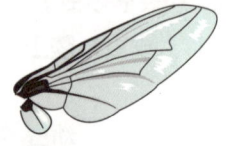

▲後ろばねが退化している。

◉ はねが2枚の昆虫

　昆虫は、はねが4枚あるものが多いですが、はねが2枚の昆虫もいます。**ハエ**や**カ**、**アブ**、ガガンボ、ブユといった「ハエ目」のなかまです。このなかまは、後ろばねが退化していて、「平均こん」という体のバランスをとるものに変化しています。
　また、働きアリ（→14ページ）やシミ、ノミのように、はねのない昆虫もいます。

▲ハナアブ

MEMO ショウジョウバエというハエは、よく遺伝（親から子へと性質や形が伝わること）の研究に用いられる。遺伝の情報を伝える「遺伝子」というもののしくみ（遺伝子地図）が完全に解明されている。

無セキツイ動物 ＞ 節足動物 ＞ 昆虫類

テントウムシ（ナナホシテントウ）

問題 別冊6ページ⑤

データ
コウチュウ目テントウムシ科
育ち方：**完全変態**
はねの数：**4枚**
冬ごし：**成虫**
特ちょう：幼虫も成虫も**アブラムシ**を食べる**益虫**。**かむ口**をもつ。

ナナホシテントウ
実際の大きさ

★テントウムシの育ち

　ナナホシテントウなどのテントウムシのなかまは、**完全変態**をします。ナナホシテントウは、幼虫も成虫も**かむ口**をもち、農作物を食べる害虫の**アブラムシ**を食べるので、**益虫**とされています。テントウムシの成虫は4月ごろからよく見られ、秋に羽化した成虫はそのまま**成虫**の姿で冬をこします*。

卵 → ふ化 → **幼虫**（4れい幼虫） → **さなぎ** → 羽化 → **成虫**（冬ごしのようす）

葉の裏などにまとめて産みつけられる。4〜5日でふ化する。

アブラムシを食べる。2〜3週間の間に3回脱皮して成長する。

1週間くらいで羽化する。

成虫は**アブラムシ**を食べる。冬は落ち葉の下などでじっとしている。

★体の特ちょう

　ナナホシテントウは、アブラムシを食べるので**かむ口**です。テントウムシは**4枚のはね**をもち、かたい**前ばねが2枚**と、黒くてやわらかい**後ろばねが2枚**あります。

　また、成虫をさわると、あしの付け根から毒のある黄色い液を出し、自分の身を守ります。

テントウムシのはね 
前ばね
後ろばね
▲前ばねはかたい。

次ページに続く。

MEMO
体には七つの点があるのでナナホシテントウと呼ばれる。
＊ナナホシテントウは、成虫で冬をこすものが多いが、卵や幼虫、さなぎの姿で冬をこしているものもいる。

無セキツイ動物 ＞ 節足動物 ＞ 昆虫類

★テントウムシのなかま

◎ナミテントウ

住宅地から山までいろいろなところで見られます。黒地に赤点、赤地に黒点など、いろいろな色や模様のものがいます。ナナホシテントウと同じで、幼虫、成虫ともに**アブラムシを食べる益虫**です。冬をこすときは、成虫が大群をつくってじっとしています。

◎ニジュウヤホシテントウ

だいだい色の地に28個の黒い点をもっています。テントウムシのなかまですが、幼虫も成虫も**トマト**や**ジャガイモ**などの**ナス科の植物の葉**を食べるので**害虫**とされています。成虫をさわると、あしの付け根から毒のある黄色い液を出して身を守ります。

◎カメノコテントウ

赤と黒の独特な模様をもち、大きさがナナホシテントウの倍（13mm）くらいある大きなテントウムシです。クルミハムシというクルミの葉を食べる昆虫の幼虫を食べます。冬は、ナミテントウと同じように集団をつくり、樹皮の下などで冬をこします。

◎ テントウムシとアリとアブラムシ（アリマキ）の関係

アブラムシ（カメムシ目）は、農作物などの植物のしるを吸って生活する昆虫です。ナナホシテントウなどのテントウムシは、幼虫のときから成虫までずっとアブラムシを積極的に食べます。活発に運動できず、弱々しいアブラムシはテントウムシに対抗することはできません。アブラムシにとって、テントウムシは**天敵**と呼ばれます。しかしアブラムシは、ただ食べられているわけではなく、アリの力を借りてテントウムシに食べられないようにしています。

アブラムシは、アリにおしりをトントンとたたかれると、おしりから甘いしるを出します。これはアリの好物です。そして、そんな好物を出してくれるアブラムシを守るために、アリはテントウムシを追いはらうのです。一方テントウムシは、それに対抗するためにあしの関節部分から毒のある黄色い液を出し、アリを追いはらおうとします。

アリとアブラムシのように、助け合って生活しているように見える生物の関係を、**共生**といいます。

▲アリと共生するアブラムシ

MEMO　益虫、害虫は、「人間にとって役に立つか立たないか」という基準での分類で、生物の分類とはまったく関係がない。

無セキツイ動物 > 節足動物 > 昆虫類

カブトムシ

別冊2ページ①、②、6ページ⑤

コウチュウ目コガネムシ科
育ち方：**完全変態**
成虫が見られる時期：7月〜8月
冬ごし：**幼虫**
特ちょう：成虫は**なめる口**で樹液をなめる。**夜行性**。大きな**つめ**をもつ。

カブトムシ（左がめす、右がおす）

★成虫の体の特ちょう

　おすとめすの体の形が大きく異なり、おすは大きな**角**をもちます。
　胸にかたい前ばね**2枚**とうすい後ろばね**2枚**、**6本**のあしがあります。あしには木につかまるための**大きなつめ**がついています。
　成虫は**なめる口**をもっていて、**クヌギ**、**コナラ**などの樹液をなめます。

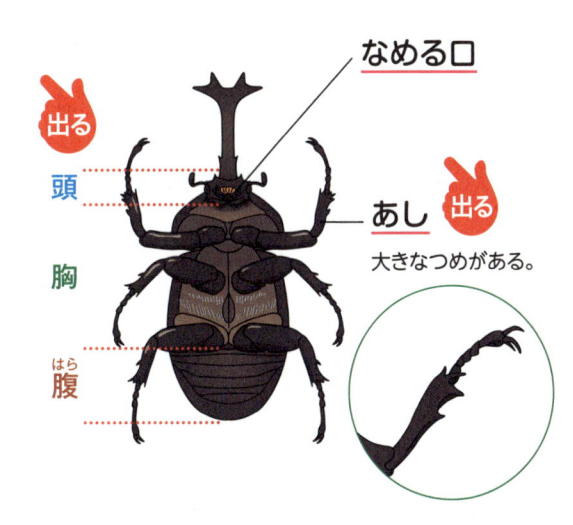

なめる口
出る
頭
あし **出る**
胸
大きなつめがある。
腹

★カブトムシの一生

　カブトムシは**完全変態**をします。夏の終わりごろ、めすが幼虫の食べ物となる**腐葉土**の中に**卵**を産みます。幼虫は2回脱皮して大きくなり、**幼虫**で冬をこします。6月ごろ3回目の脱皮をしてさなぎになり、羽化して成虫になります。成虫は**夜行性**です。

卵 → ふ化 → 幼虫 → 脱皮 → さなぎ → 羽化 → 成虫

土の中に産みつけられ、約2週間でふ化する。
腐葉土を食べる。気門がはっきりわかる。
ブラシのような**なめる口**をもつ。

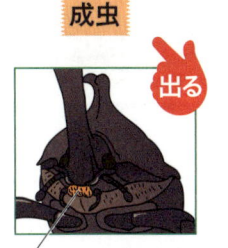

MEMO 裏（腹側）から見て、後ろあしがついている部分までが胸部。表側（背側）からの観察ではまちがいやすいので注意が必要である。

無セキツイ動物 > 節足動物 > 昆虫類

クワガタムシ

コウチュウ目クワガタムシ科
育ち方：**完全変態**
成虫が見られる時期：6月～9月
特ちょう：成虫は**なめる口**で樹液をなめる。夜行性。

オオクワガタ（おす）
絶滅危惧種*

オオクワガタ（めす）

　おすとめすの体の形が大きく異なり、おすは大きな**あご**をもちます。カブトムシと同じく**完全変態**をします。卵はくさりかけた木に産みつけられます。幼虫はイモムシの形で、腐葉土や**くち木**などを食べます。脱皮をして、1～3年かけて成虫になります。成虫は樹液をなめるので**なめる口**をもちます。夜に活動する**夜行性**のものが多くいます。

コガネムシ

コウチュウ目コガネムシ科
育ち方：**完全変態**
成虫が見られる時期：6月～7月
特ちょう：前ばねは光たくのあるかたいはね。農作物を食べる**害虫**。

　コガネムシも**完全変態**をします。幼虫はカブトムシやクワガタムシに似ていますが、コガネムシの幼虫*は土の中で生活し、**植物の根**を食べます。また、成虫は**植物の葉**を食べます。コガネムシのなかまは、幼虫も成虫も**農作物**を食べるものが多く、**害虫**とされています。

MEMO
＊絶滅危惧種→48ページ
＊コガネムシの幼虫は、植木ばちの中にまで入りこみ、根を食いあらすことがある。

無セキツイ動物 ＞ 節足動物 ＞ 昆虫類

ホタル（ゲンジボタル）

→問題
別冊3ページ③

コウチュウ目ホタル科 データ
育ち方：**完全変態**
成虫が見られる時期：5〜7月
冬ごし：**幼虫**
特ちょう：腹部が**光る**。卵は水辺でふ化し、幼虫は**カワニナ**などの巻貝を食べる。

ゲンジボタル
実際の大きさ

★ホタル（ゲンジボタル）の育ち

　ゲンジボタルや**ヘイケボタル**は、腹部の先のほうに「**発光器**」があり、おしりが**光る**ことで知られる昆虫です。おすもめすも光ります。頭部に大きな**複眼**があります。

　ホタルのなかまは**完全変態**をします。ゲンジボタルやヘイケボタルの**幼虫は水中で生活**し、ゲンジボタルはきれいな川にすむ**カワニナ**（→42ページ）を、ヘイケボタルはタニシなどの**巻貝**を食べます。成虫の期間は1週間から10日ほどですが、口がほとんど退化しているので、その間は何も食べません。

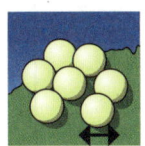

卵　→ふ化→　**幼虫**　→脱皮→　**さなぎ**　→羽化→　**成虫**（おす）

0.5mm
水辺のコケの中などに産みつけられる。弱く光っている。

頭　発光器
←3cmくらいになる→
水中で**カワニナ**などの巻貝を食べて成長する。幼虫の時期から腹部が光る。

幼虫は陸に上がり、**土の中**にもぐってさなぎになる。さなぎはいつも光る。

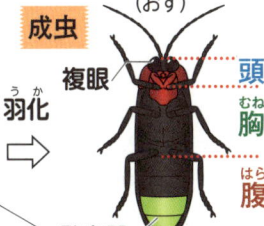

複眼　頭
胸
腹
発光器
昼は草のかげなどですごし、夜になると光を出して結婚相手をさがす。

　ゲンジボタルが生息できる場所の条件は、幼虫の食べ物になる**カワニナ**がすむ**きれいな川**で、その川岸にはさなぎになるために必要な**土がある**ことです。コンクリートで護岸された都会の川では、ホタルは生きることができません。現在では、ホタルがすめる自然環境を整えて、ホタルを定着させようという活動が日本各地で行われています。

MEMO ホタルが光るのは、おすとめすが出会う目印とするためや、敵をおどすためではないかともいわれている。光らない種類のホタルも多い。また、ホタルの光は、「冷たい光」といわれ、発光しても熱がほとんど出ない光である。

セキツイ動物 ＞ 節足動物 ＞ 昆虫類

昆虫の飼い方

No.
date

昆虫は比較的簡単に飼育できます。昆虫を飼ってもっと細かく観察すると、理解が深まります。

◎モンシロチョウ

アブラナ科の植物の葉の裏などを見て、卵（またはあおむし）を葉ごととります*。
幼虫のえさ…キャベツ、小松菜、クレソンなどをよく洗ってあたえます。（レタスはキク科の植物なので食べません。）
成虫になったら放してあげましょう。

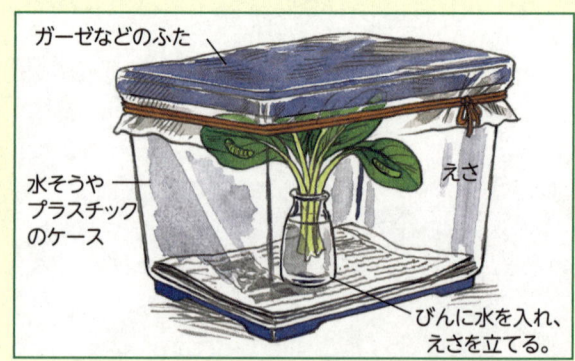

（図：ガーゼなどのふた／水そうやプラスチックのケース／えさ／びんに水を入れ、えさを立てる。）

◎コオロギ

は虫類のえさ用として売られています。
えさ…市販のコオロギやキンギョのえさ。時々キュウリやにぼしなどをあたえます。適度なしめり気が必要です。ペットボトルに水を入れ、小さな穴をあけ、穴に脱脂綿をさしておいてもよいでしょう。
しめらせた土を入れておくと、コオロギが土の中に産卵します。

（図：水そうやプラスチックのケース／プラスチックのふた／時々きりふきでしめり気をあたえる。／えさは土につかないようにする。／土5cmくらい（新聞紙を軽く丸めたものでもよい。））

◎カブトムシ

ケースに腐葉土を10cm以上入れます。幼虫は腐葉土の中でそれを食べて成長します。適度なしめり気を保ちましょう。丸いふんが増えてきたら取り除いて腐葉土を追加します。
羽化したら、おすは1つのケースに1匹だけにします。複数のおすを入れるとけんかをします。ケースに木材や、木のえさ台を入れます。木の葉を入れておくと、起き上がるために利用します。
えさ…昆虫ゼリー、バナナ、リンゴなど。
成虫をおす・めすのペアで飼育すると交尾して産卵します。成虫になるまで1年はかかりますから、土のしめり気を保って育てましょう。さなぎになるとき土の中に「さなぎ室」をつくります。絶対にさわらないようにしましょう。羽化に失敗します。

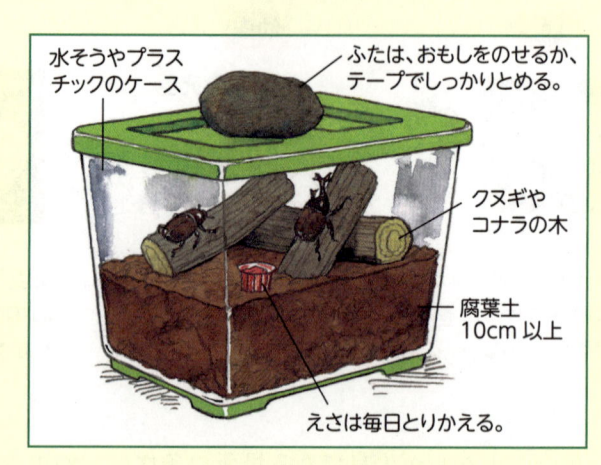

（図：水そうやプラスチックのケース／ふたは、おもしをのせるか、テープでしっかりとめる。／クヌギやコナラの木／腐葉土10cm以上／えさは毎日とりかえる。）

MEMO *あおむしの体内から、小さな幼虫が出て来て黄色っぽいマユをつくり出すことがある。それは、あおむしに寄生するアオムシコマユバチというハチ。モンシロチョウの幼虫は死んでしまうが、アオムシコマユバチの観察ができる。

Chapter 02

昆虫以外の虫

- ▶ セキツイ動物
- ▼ 無セキツイ動物
  - 節足動物 ─┬─ 昆虫類
  - 環形動物 ├─ クモ類
  - 軟体動物   ├─ 多足類
    など   └─ 甲殻類

クモ、ダンゴムシ、ヤスデ、ミミズなど

✓ ここだけ！ 重要ポイント

★昆虫以外の虫の体

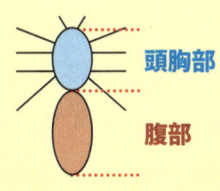

☀ クモ
- 頭胸部
- 腹部

  ◎ **頭胸部・腹部**の2つに分かれる。
  ◎ 頭胸部に**あしが8本**ついている。
  ◎ クモのなかま…**クモ、ダニ、サソリ**など

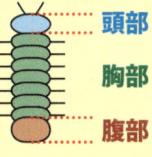

☀ ダンゴムシ
- 頭部
- 胸部
- 腹部

  ◎ **頭部・胸部・腹部**の3つに分かれる。
  ◎ 胸部に**あしが14本**ついている。
  ◎ ダンゴムシは**甲殻類**のなかま。

☀ 多足類
- 頭部
- 胴部

  ◎ **頭部・胴部**の2つに分かれる。
  ◎ 胴部に**多数のあし**がついている。
  ◎ 多足類のなかま…**ヤスデ、ムカデ**など

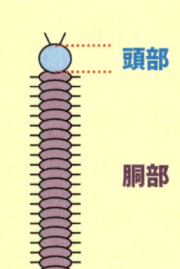

  ▲ムカデの体

☀ 環形動物
  ◎ 骨格はなく、やわらかい皮ふをもち、細長い体をしている。
  ◎ 環形動物のなかま…**ミミズ、ヒル、ゴカイ**など

29

無セキツイ動物 ＞ 節足動物 ＞ クモ類

出る率 7位 クモ

→問題 別冊13ページ⑬、14ページ⑮

クモ目
- 生まれ方：**卵生**
- 冬ごし：**成虫**
- 特ちょう：体が**頭胸部**と**腹部**に分かれ、**あしが8本**ある。**昆虫ではない**。あみ状の巣を張り、えものをとるものも多い。

ジョロウグモ（アシナガグモ科）

★体の特ちょう

クモは体が**頭胸部**と**腹部**の**2つに分かれていて**、**あしは8本**頭胸部から出ています。この体の特ちょうからもわかるように、**昆虫のなかまではありません**。

腹部には節がなく、ふくろ状になっています。こう門付近には**糸を出す糸いぼ**があります。頭胸部には**8つの目（単眼）**が並んでいます。

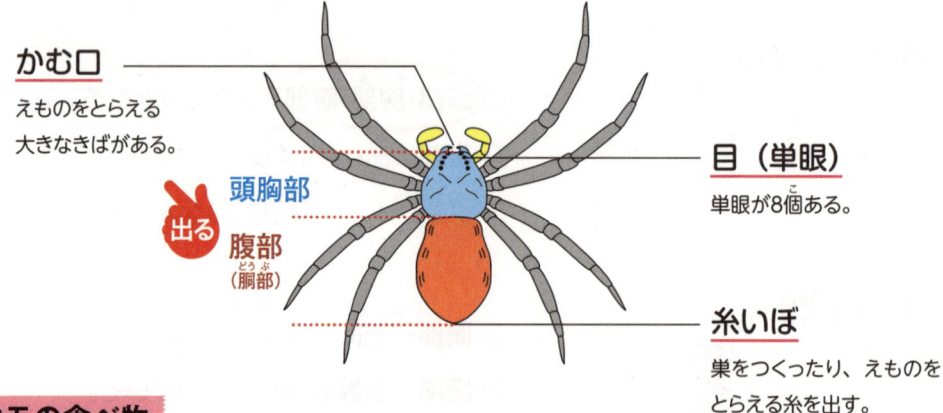

かむ口
えものをとらえる大きなきばがある。

頭胸部
腹部（胴部）

目（単眼）
単眼が8個ある。

糸いぼ
巣をつくったり、えものをとらえる糸を出す。

★クモの食べ物

ほとんどのクモが虫などを食べる**肉食**です。つかまえたえものに**消化液**を注入し、消化されたえものの**体液を吸います**。自分より体の大きなえものをとらえて食べることもあります。

多くのクモは、**糸いぼ**から出す細く見えにくい糸であみ状の**巣（あみ）を張り**、えものをあみに引っかけてとらえます。巣を張らずに、歩き回ったり土の中の巣あなにかくれたりしてえものをとらえるクモもいます。

MEMO ＊消化、消化液…食べたものを細かくして体に吸収されやすいものにすることを消化といい、消化を助ける液を消化液という。

★クモの巣（あみ）の張り方

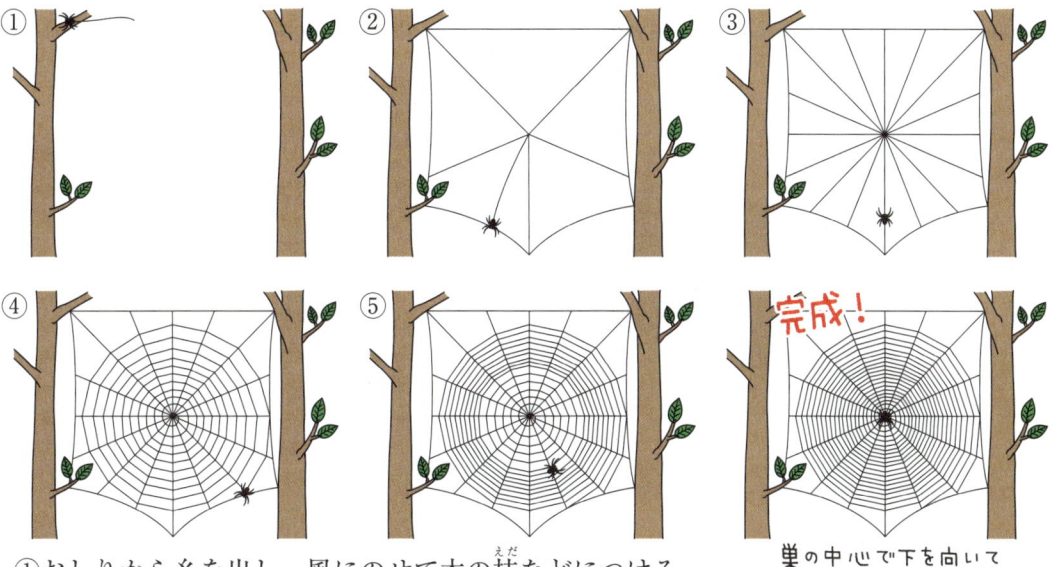

① おしりから糸を出し、風にのせて木の枝などにつける。
② **わく糸**（いちばん外側の横糸）を張る。
③ わくの内側に**縦糸**を張る。
④ 中心から外側に向かってらせん状に**足場糸**をゆるく張る。
⑤ 最後に外側から中心に向かって**粘着する横糸**（べたべたする糸）を張っていく。

完成！　巣の中心で下を向いてじっとえものを待つ。

◎ **クモが自分の巣にひっかからないのは**…クモの糸には、**粘着する糸**と**粘着しない糸**があり、クモは粘着しない縦糸や足場糸の上を歩くためです。

◎テストに出るクモに近いなかま

ダニ

◀ 体のつくりがクモと同じで頭胸部と腹部に分かれ、あしは8本あります。イエダニやマダニなどは人の血液を吸い、伝染病の原因になります。ハウスダスト（室内のちり・ほこり）にも小さなダニやその死がいがふくまれることがあり、これがアレルギーのもとになることがあります。

サソリ

体がクモと同じで頭胸部と腹部に分かれ、あしは8本あります。尾の部分は腹部についています。肉食で、えものははさみでつかまえ、尾にある針で毒を注入してから食べます。日本には沖縄に毒の弱い数種類のサソリがいます。

MEMO
すべてのクモは糸を出すことができ、巣を張らないタイプのクモも糸を出すことができる。
ハダニという草食のダニは、農作物を食べる害虫で、その駆除にハダニを食べるカブリダニが使われることがある。

無セキツイ動物 ＞ 節足動物 ＞ 甲殻類

出る率14位 ダンゴムシ

ワラジムシ目オカダンゴムシ科
生まれ方：**卵生**
冬ごし：**成虫**
特ちょう：**昆虫ではない**。エビ、カニなどと同じ**甲殻類**。**落ち葉**などを食べる。

オカダンゴムシ
実際の大きさ

★体のつくりと育ち

しめった土の上の石などをめくると出てくることがあるダンゴムシ。指でさわるなどすると**体を折り曲げてボール状になる**ことが名前の由来です。

ダンゴムシは**昆虫ではなく**、カニやエビ（→ 36、37 ページ）などと同じ**甲殻類***です。体は**頭、胸、腹**に分かれ、節の間かくが腹部ではせまくなっています。あしは **14 本**あります。卵から生まれ、脱皮をくり返して大きくなります。かれた**落ち葉**や木などを食べる**分解者**（→右ページ）です。**成虫**で冬をこします。

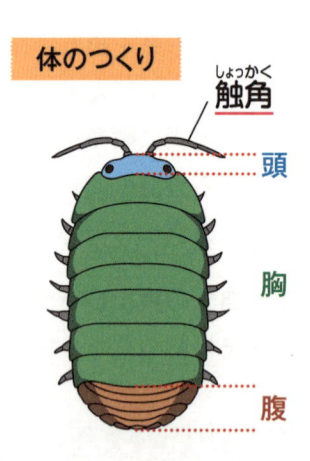

体のつくり
触角 / 頭 / 胸 / 腹

★ダンゴムシに似たなかま

ワラジムシ（ワラジムシ目ワラジムシ科）
ダンゴムシと比べると、体の前後がせばまるだ円形で、体の表面にはつやがない。さわってもダンゴムシのように**丸くならない**。

タマヤスデ（タマヤスデ目タマヤスデ科）
ヤスデ（→ 34 ページ）のなかま（甲殻類ではない）。さわるとダンゴムシのように丸くなる。腹部も頭部と同じ間かくの節でできている。

MEMO ＊甲殻類…エビやカニなどのように、かたいから（殻）でおおわれた体をもつなかま。水中や水辺で生活する種類が多く、ダンゴムシやワラジムシのように陸上で生活する甲殻類は少ない。

★土じょう生物と分解者

　土の中には、モグラのように大きなほ乳類から、ダンゴムシのような虫、アメーバのように小さな生物（原生生物）まで、実に多くの生物がすんでいます。これらの生物を**土じょう生物**（土壌生物）と呼びます。

　これらの生物は、かれた植物や死んだ動物の死がいを食べて細かくする（分解する）はたらきがあるのです。このようなはたらきをする生物を、植物を**生産者**＊、動物を**消費者**＊と呼ぶのに対して、「**分解者**」と呼びます。

　ダンゴムシなどによって細かくされた動植物の死がいは、最後はカビやキノコなどの菌類や細菌類によってより細かく分解され、植物の肥料となります。

自然界のつながり

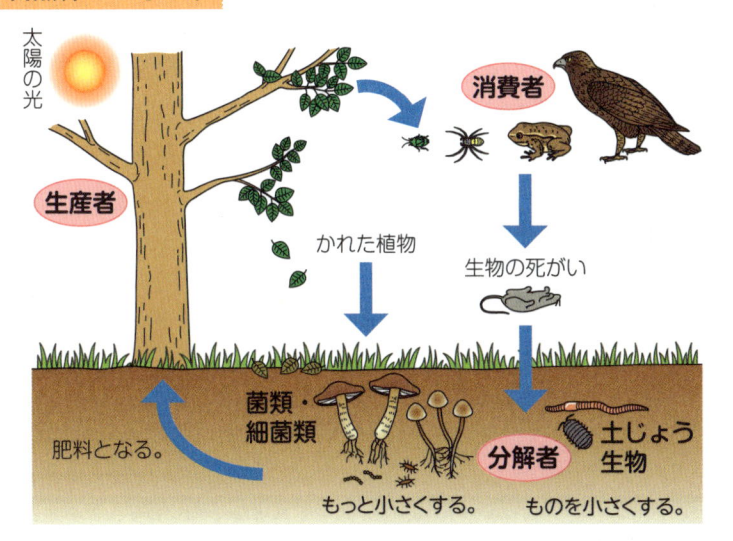

※菌類や細菌類のみを「分解者」とする場合もあります。その場合は、大きな土じょう動物は「消費者」と考えます。

▲ツルグレン装置

　土じょう生物は、右のような装置で集めることができます。これは、土じょう生物の光や乾そうに弱い性質を利用して、電灯の光や熱で下に追い出して採集する装置です。

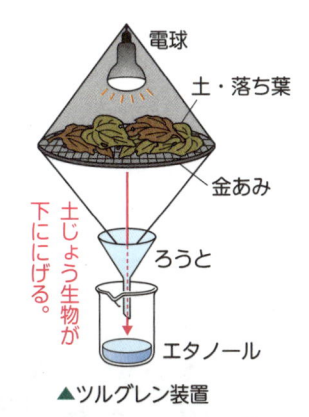

◎ダンゴムシのふしぎな行動

　ダンゴムシのなかまが移動するとき、ちょっと変わった行動をします。まっすぐ歩いていて曲がり角につきあたったとき、まず最初に右に曲がった場合、次の角は左、その次は右という具合で交互に曲がるのです。このように歩くと、やみくもに歩き回るより早く遠くの場所に移動することができるからです。この行動を、「交替性転向反応」といいます。

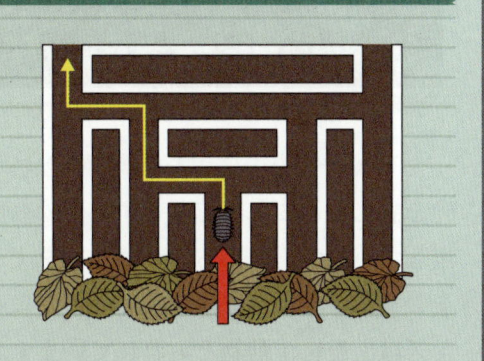

MEMO　＊生産者、消費者…生物界で、光合成によって養分をつくる（生産する）ことができる植物を「生産者」と呼ぶ。そして、植物やほかの動物を食べる（消費する）動物を「消費者」と呼ぶ。

無セキツイ動物 > 節足動物 > 多足類 、 無セキツイ動物 > 環形動物

ヤスデ

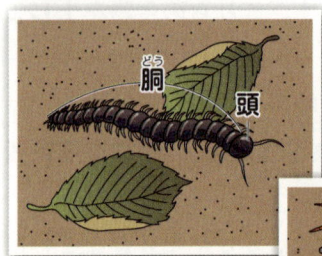

ヤスデ

トビズムカデ

多足類ヤスデ綱
ふえ方：卵生
生息場所：土の上など
特ちょう：たくさんのあしをもつ**多足類**のなかま。**分解者**。

　ヤスデは、たくさんのあしをもち、これらのあしをからめることなく、たくみに移動します。さわると丸くなります。ヤスデはおもにかれ葉などを食べる**分解者**です。
　あしが多くて似た動物に**ムカデ**（多足類ムカデ綱）がいます。ムカデはヤスデとちがい、肉食です。ムカデも広い意味で分解者とされることがあります。トビズムカデは国内のムカデとしては特に巨大で、大きなあごをもっています。

出る率16位 ミミズ

問題　別冊14ページ⑮

環形動物*
体温：変温　　ふえ方：卵生
生息場所：**土の中**
呼吸：皮ふ
特ちょう：あしがなく、細長い体。土をたがやす**分解者**。

　ミミズは土の中にすむ**分解者**です。ミミズの体には目がありません。しかし、体表で光を感じとることができます。体の表面は短い毛が密集していて、移動のときにうまく利用しています。口からかれ葉などを土ごと食べ、その中の養分（有機物）を吸収し、ふんをこう門から出します。このことによって土が空気をふくみ、ふんが肥料となるので、ミミズは土を耕す動物といわれています。

MEMO *環形動物は、やわらかい皮ふをもつ細長い生き物で、ミミズのほか、ヒルやゴカイなどがいる。あしがなく、ヘビと似たような形をしているが、背骨がないことなどから、全くちがう動物である。

水辺の生き物

- ▶ セキツイ動物
- ▼ 無セキツイ動物
  - **節足動物** ─ 昆虫類
  - 環形動物 ─ クモ類
  - **軟体動物** ─ 多足類
  - など ─ **甲殻類** ……………

カニ、エビ、ザリガニ、ヤドカリ、タコ、イカ、アサリ、カワニナ、ウニ、クラゲ、イソギンチャク、サンゴ、プランクトンなど

✓ ここだけ！重要ポイント

★水辺の無セキツイ動物

☀ **甲殻類（こうかくるい）**…**カニ、エビ、ザリガニ、ヤドカリ**など
 ◎ 体は**頭胸部・腹部**の2つ（または頭・胸・腹の3つ）に分かれる。
 ◎ 体表はじょうぶな**外骨格**でおおわれ、ほとんど水中で生活する。
 ◎ (えら呼吸)をする。

☀ **軟体動物（なんたい）**
 ◎ タコ・イカのなかま…体は**頭部**と**胴部**に分かれる。**タコには8本、イカには10本**のあしが**頭部**から出ている。
 ◎ 二枚貝のなかま…**2枚の貝がら**をもつ貝。**アサリ・シジミ・ハマグリ**など。
 ◎ 巻貝のなかま…**巻いたから**をもつ貝。**サザエ、マイマイ**など。

☀ **棘皮動物（きょくひ）**…**ウニ、ヒトデ、ナマコ、ウミユリ**など。

☀ **刺胞動物（しほう）**…触手に毒のある針（刺胞）がある。**クラゲ、イソギンチャク、サンゴ**など。

☀ **プランクトン**…水中にただよって生活している生物。
 ◎ 動物プランクトン…自分で動く。ほかの生物を食べる。**ミジンコ、ゾウリムシ、アメーバ**など。
 ◎ 植物プランクトン…**光合成**をして自分で養分をつくる。**アオミドロ、ケイソウ、ミカヅキモ、クンショウモ**など。
 ◎ (ミドリムシ)…動物プランクトンと植物プランクトンの性質をあわせもつ。

無セキツイ動物 > 節足動物 > 甲殻類

出る率12位 カニ

十脚目（エビ目）・カニ下目 データ
生まれ方：卵生　体温：変温
生活場所：淡水（川や川岸）、河口付近、海岸や海中
呼吸：えら
特ちょう：**10本のあし**のうち、2本がはさみになっている。

サワガニ

　カニは甲殻類で、十脚目（エビ目）というなかまの生物です。**えら呼吸**出をするので、水があるところで生活し、川などの淡水、河口付近、海とさまざまな場所にすんでいます。

◎川にすむカニ…**サワガニ**出（指標生物→40ページ）、モクズガニ（卵を産むときに河口付近まで川をくだる）
◎河口付近、海岸にすむカニ…**イワガニ**出、**イソガニ**、**シオマネキ**（おすは右のはさみが大きくなっている）など
◎海にすむカニ…**ケガニ**、**イシガニ**、ズワイガニ、タカアシガニなど
※タラバガニやハナサキガニ、ヤシガニは、名前にカニとついていますが、ヤドカリ（→39ページ）のなかまです。

★カニの育ち

　卵で生まれ、脱皮をして成長していきます。海にすむカニの場合は、卵がふ化するとノープリウス、ゾエア、メガロパというプランクトン（幼生）になります。脱皮をくり返して成体の形に成長していきます*。

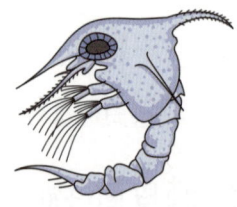

▲ゾエア

★体の特ちょう

　あしが**10本**あり、頭に近いあしの**2本**は**はさみ**になっています。大きなこうら（甲）をもっています。
　腹部は小さく折りたたまれていて、「カニのふんどし」と呼ばれます。

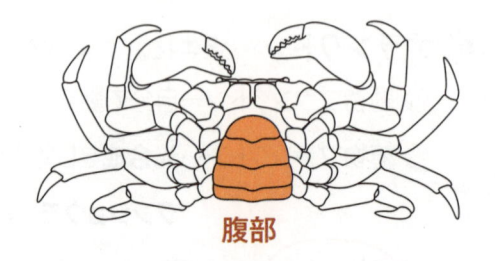

腹部

MEMO　*川にすむサワガニは、海のカニのようにゾエアなどの幼生の時期がない。サワガニは幼生の期間を、卵の中ですごすので、卵のからから小さなカニの形をした子ガニが生まれる。

無セキツイ動物 > 節足動物 > 甲殻類

エビ

十脚目（エビ目）
生まれ方：**卵生**　体温：変温
生活場所：淡水、海水の水中
呼吸：えら
特ちょう：**10本のあし**をもっている。
腹部が発達している。

クルマエビ

　十脚目（エビ目）のなかまのうち、カニとヤドカリ以外のなかまがエビです。ザリガニ（→38ページ）もエビのなかまです。**えら呼吸**（出る）をするので水中で生活し、淡水から深海まで、広いはん囲で生活します。
　雑食で、魚や水草など、いろいろなものを食べます。**卵**で生まれ、カニと同じように幼生の時期があり、脱皮をくり返して、成長していきます。

★体の特ちょう

　体は**頭胸部**と**腹部**にはっきり分かれ、かたいからに守られています。
　頭胸部には4本の**触角**があります。あしは**10本**で、小さなはさみがついたあしをもっています。
　腹部が発達していて、敵からにげるときなどは、腹部を勢いよく下に曲げて後ろ向きに飛び退くことができます。

動く方向 →

　大きな**複眼**をもっていて、小さい四角形のレンズが集まってできています。

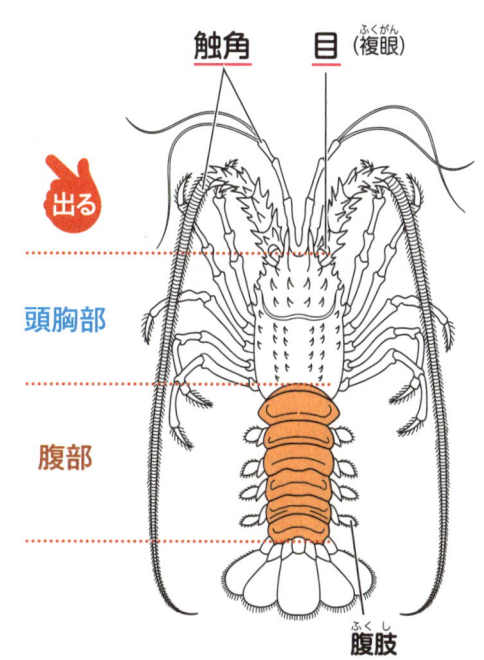

触角　目（複眼）

出る

頭胸部

腹部

腹肢
泳いだり、めすは**卵を
かかえたり**する。

MEMO 貝の中に入りこんで生きるカニもいる。このようにほかの生物の体などに入りこんで、身を守ったり食べ物を得たりするために利用して生きることも、共生（この場合片利共生）という（24ページも参照）。

無セキツイ動物 > 節足動物 > 甲殻類

ザリガニ

→問題 別冊13ページ⑬

データ
十脚目（エビ目）・ザリガニ下目

生まれ方：**卵生**　体温：変温
生活場所：川などの淡水
呼吸：**えら**
特ちょう：アメリカザリガニは**外来種**。10本のあしのうち、2本が大きなはさみ。

アメリカザリガニ

ザリガニは、**淡水**にすむエビのなかまです。体は**頭胸部**と**腹部**に分かれ、あしは**10本**でそのうちの**2本**が**大きなはさみ**になっています。

◎**ニホンザリガニ**…日本の**在来種**であり、**固有種***。北日本の冷たくきれいな水に生息しています。環境の悪化や乱かく、外来種の影響（食べられたり、生活の場を追われたりする）などによって数が少なくなっていて、**絶滅危惧種**に指定されています。
◎**アメリカザリガニ**…ウシガエルのえさとしてもちこまれた**外来種**（→54ページ）。
◎**ウチダザリガニ**…食用にもちこまれた**外来種**。大型のザリガニ。

★アメリカザリガニの飼い方

◎大きめの水そうに、体がつかる程度の水を入れ、かくれがと石などの陸地も入れる。
◎日光が直接当たらない場所に置く。
◎水はくみ置きして**塩素**をぬいたものを使う。水温が30℃以上にならないように注意する。
◎えさは食べ残しが出ないようにあたえる。
◎せまい水そうで複数匹飼うと**共食い**することがある。
◎おすとめすをいっしょに飼うと卵を産んでふえるが、飼えなくなったものを放流する（捨てる）ことは絶対にしてはいけない。

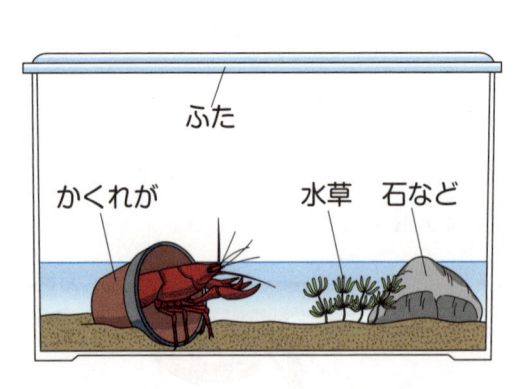

ふた／かくれが／水草／石など

MEMO ＊固有種…その国や地域にしかいない種類の生物のこと。
海岸の岩などについているフジツボは甲殻類で、体の形はずいぶんちがうが、カニやエビと同じなかまである。

無セキツイ動物 > 節足動物 > 甲殻類

ヤドカリ

> エビ目（十脚目）・ヤドカリ下目
> 生まれ方：**卵生**　体温：変温
> 生活場所：淡水、海水の水中
> 呼吸：えら
> 特ちょう：腹部を**貝がら**の中に入れて生活する。**10本のあし**をもつ。

　ヤドカリは、カニとエビの中間にあたるなかまです。巻貝などのからに腹部を入れて生活するのが特ちょうです。体が大きくなると、貝がらも大きいものにかえます。

★体の特ちょう

　カニやエビと同じように**10本**のあしがあり、ふつう、そのうちの**2本**が左右の大きさのちがう大きな**はさみ**（第一胸脚）になっています。

　歩くために使われるあしは4本です（第二胸脚と第三胸脚）。さらに下についている4本（第四胸脚と第五胸脚）は、貝がらに体を固定するのに使います。

　腹部は巻貝の貝がらに収まるように**らせん状**になっていて、右に曲がっています。

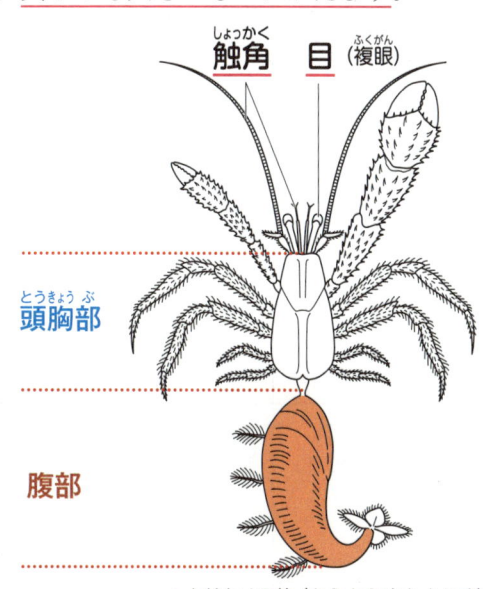

▲ヤドカリの体（からから出たようす）

★ヤドカリのなかま

　ヤドカリのなかまには、貝を背負うタイプのほかに、**タラバガニ**や**ハナサキガニ**、**ヤシガニ**などがいます。

▲タラバガニ

MEMO タラバガニやハナサキガニは、あしが8本しかないように見えるが、2本のあしは小さくなっていて、こうら（甲）の内側にかくれている。

セキツイ動物 > 節足動物 > 甲殻類

指標生物

生物は、種類によって好む場所や、生きられない場所があります。例えば、ユスリカの幼虫はヘドロの中でも平気で生活できますが、カワゲラなどの昆虫はきれいな川でしか生きていけません。このように、水質によって生きられる動物が異なることを用いて、水環境を調べることができます。そのときに使う生物を**指標生物**といいます。

◎指標生物を使う有利な点
薬品や機器を使うよりも手軽です。

◎不利な点
正確さに欠ける場合もあり、季節などによって変動することもあり得ます。
水質汚染の理由まではわかりません。

水のきれいさ（水質階級）	まわりや水のようす	指標生物
きれいな水（水質階級Ⅰ）	水が透明で川底が見える。ヤマメなどの魚がいる。	**カワゲラ、ヒラタカゲロウ、ナガレトビケラ**、ヤマトビケラ、ヘビトンボ、ブユ、アミカ、**サワガニ**（→36ページ）、ウズムシ
少し汚い水（水質階級Ⅱ）	まわりに田んぼがあり、水は少しにごっている。	コガタシマトビケラ、オオシマトビケラ、ヒラタドロムシ、**ゲンジボタル**（→27ページ）、コオニヤンマ、**スジエビ、カワニナ**（→42ページ）、ヤマトシジミ*、**イシマキガイ***
汚い水（水質階級Ⅲ）	人家の排水が流れこむ。水底はどろが多い。	**ミズカマキリ、タイコウチ、ミズムシ、タニシ、ヒル**、イソコツブムシ*、ニホンドロソコエビ*
大変汚い水（水質階級Ⅳ）	川岸がコンクリートなどで、川の水が灰色っぽくにごっている。	**セスジユスリカ**、チョウバエ、**アメリカザリガニ**（→38ページ）、**サカマキガイ**、エラミミズ

▲カワゲラ
▲コオニヤンマ（やご）
▲タニシ　▲タイコウチ
▲サカマキガイ

参考：国土交通省ホームページ「川の生きものを調べよう」

MEMO　＊印は、海水が少し混ざった河口付近の水（汽水）にすむ生物。

無セキツイ動物 > 軟体動物 > 頭足類

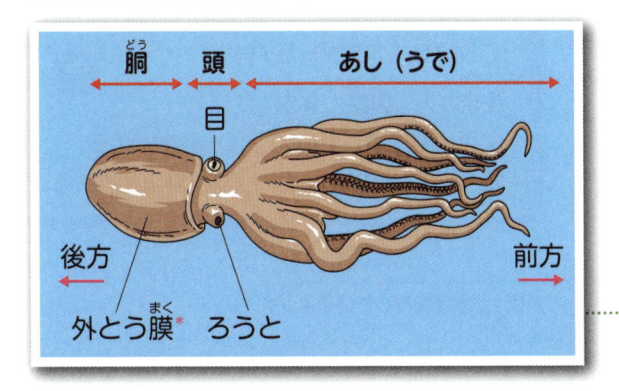

タコ

図の説明（マダコ）: 胴／頭／あし（うで）／目／後方／前方／外とう膜*／ろうと

頭足類タコ目
- 生まれ方：卵生　体温：変温
- 生息場所：海　呼吸：えら
- 特ちょう：骨がない。あし（うで）は**8本**。

マダコ

　タコは**軟体動物**の**頭足類**というなかまです。軟体動物には**骨がなく**、やわらかくのび縮みする体をもっています。頭のように見える部分は胴で、内臓が入っています。胴とあし（うで）の間が頭で、目や「ろうと」などがあります。**8本**あるあしにはたくさんの**吸ばん**があり、体を支えたり、えものをつかまえるのに使われます。
　口はあしのつけ根の中心部分についていて、するどい歯があります。速く移動するときには吸いこんだ水を「ろうと」から勢いよく出し、後方へ素早く泳ぎます。身の危険を感じると、すみをはき出し、姿をくらませます。

イカ

図の説明（アオリイカ）: 胴／頭／あし（うで）／ひれ／目／触腕

頭足類ツツイカ目など
- 生まれ方：卵生　体温：変温
- 生息場所：海　呼吸：えら
- 特ちょう：骨がない。あし（うで）は**10本**。そのうち2本が長い。

アオリイカ

　イカはタコと同じ**軟体動物**、**頭足類**のなかま。体に骨はなく、**10本のあし**（うで）をもちます。あしにはかたい吸ばんがあります。10本のうちの2本のあしは、**触腕**といわれる長いもので、えものをつかまえます。身の危険を感じると、すみをはいてにげます。

MEMO ＊外とう膜…軟体動物の内臓をつつんでいる膜。タコやイカの頭足類、貝類にある。

無セキツイ動物 > 軟体動物 > 貝類

アサリ

二枚貝類マルスダレガイ科
生まれ方：**卵生**　体温：変温
生息場所：海や河口付近　呼吸：**えら**
特ちょう：**2枚の貝がらをもつ。食用とされる。**

アサリが水管を出しているようす

　イカやタコとは似ても似つかない形の**貝類**も**軟体動物**です。貝類は大きく「**二枚貝**」と「**巻貝**」に分けられます。2枚の貝がらでおおわれている**二枚貝**のなかまには、**アサリ**や**シジミ**（汽水域（淡水と海水が混じる河口付近など）にすむ）、**ハマグリ**（河口付近にすむ）、**ホタテ**（比かく的寒い海にすむ）などがいます。

　貝類の体には、2本の**水管**という管があって、その一方から水を吸いこみ、水中のプランクトンなどをこしとって食べ、もう一方の水管から水をはき出します。アサリは、水の浄化の実験などに使われます。

カワニナ

腹足類カワニナ科
生まれ方：**卵生**　体温：変温
生息場所：川や湖　呼吸：**えら**
特ちょう：**巻貝**をもつ。きれいな川や湖などにすみ、**ゲンジボタルの幼虫の食べ物**となる。

　カワニナはらせん状に巻いたからをもつ**巻貝**（腹足類）のなかまです。カワニナは、**きれいな川や湖などの淡水**にすみ、**ゲンジボタル**（→27ページ）**の幼虫の食べ物**になります。汚れた川にはすめない性質を利用して、川の汚染度合いなどがわかる「**指標生物**（→40ページ）」として用いられています。

　巻貝のなかまには、ほかに、**タニシ**（淡水にすむ）や**サザエ**（海にすむ）などがいます。

MEMO 陸上で生活するカタツムリやナメクジも貝の腹足類のなかまで、はうようにして移動する。発達した目や触角をもつ。カタツムリはえらをもっていないが、体の膜に血管が集中した場所があり、肺のようなはたらきをしている。

無セキツイ動物 > 棘皮動物・刺胞動物

ウニ

棘皮動物ウニ綱
生まれ方：**卵生**　体温：変温
生活場所：海
特ちょう：体はするどいとげでおおわれる。**ヒトデ**や**ナマコ**のなかま。

ガンガゼ

　ウニは**棘皮動物**というなかまです。棘皮とは、「とげの皮」という意味です。棘皮動物のなかまには、**ヒトデ**や**ナマコ**などがいます。
　体はからでおおわれ、からの外側はするどい**とげ**でおおわれています。下の中央に口があり、**海藻類**を食べます。不要物は、上にあるこう門から出します。
　とげを動かし、吸ばんがある**管足**というあしを利用して移動することができます。

クラゲ

刺胞動物
生まれ方：**卵生**　体温：変温
生活場所：海
特ちょう：ゼラチン状の体。**刺胞**という毒針のある**触手**でえものをとる。

ミズクラゲ

　クラゲは**刺胞動物**というなかまです。刺胞動物のなかまには、**イソギンチャク**や**サンゴ**などがいます。刺胞動物には、「**刺胞**」と呼ばれる毒の針があります。
　クラゲは、体がゼラチン状になっています。毒の針がある**触手**でえものをつかまえて食べます。かさを動かして泳ぐことはできますが、おもに海流にのってただよっています。

MEMO　すしや刺身などとして食べるウニの黄色い部分は、卵巣である。
カツオノエボシというクラゲの触手は、非常に強力な毒をもち、さわると大変な痛みと炎症を起こすため危険である。

無セキツイ動物 > 刺胞動物

イソギンチャク

刺胞動物イソギンチャク目
生まれ方：卵生
生活場所：海
特ちょう：毒のある触手をもつ。**クマノミなどと共生する**ものもいる。

イソギンチャクとカクレクマノミの共生

刺胞動物のなかまです。岩の上などにくっついて生活します。**触手**が口のまわりにあり、触手には毒をもつ針（刺胞）があります。刺胞で小魚などをまひさせてとらえます。**クマノミ**（魚類）と**共生**＊するものもいます。クマノミは、体の表面に特別な液を出していて、イソギンチャクがふれても刺胞が出ないようになっています。クマノミはイソギンチャクに敵から守ってもらうかわりに、イソギンチャクに食べ物を運んだりします。

サンゴ

刺胞動物
生まれ方：卵生
生活場所：**あたたかくて浅い海**
特ちょう：**褐虫藻**という藻類と共生し、**炭酸カルシウム**の骨格をつくる。

サンゴ礁

あたたかくて浅く、きれいな海にすむ**刺胞動物**です。骨格ひとつひとつにイソギンチャクのような**サンゴチュウ**が入ったものが集まって**群体**をつくっています。**褐虫藻**という藻類が体内に共生していて、それが**光合成**＊をしてつくり出した栄養分を利用しています。骨格は**炭酸カルシウム**でできていて、空気中の**二酸化炭素**が海水にとけこんだものを利用してつくられます。**温暖化の抑制**のために注目されています（→ 46 ページ）。

MEMO ＊共生…別の種類の生き物が同じところで生きる関係。イソギンチャクは、ヤドカリのからにくっついて共生するものもある。　＊光合成…二酸化炭素と水を原料に、光のエネルギーを使ってでんぷんなどの栄養分をつくるはたらき。

無セキツイ動物 > プランクトン

プランクトン

別冊13ページ⑬、14ページ⑮ ▶問題

　水中をただよって生活している生物をプランクトンといいます。**動物プランクトン**と**植物プランクトン**に分けられます。また、1つの細胞でできている単細胞生物と、たくさんの細胞でできている多細胞生物に分けられます。

◎**動物プランクトン**…自分で動くことができます。植物プランクトンやほかの動物プランクトンを食べます。

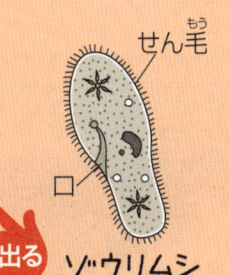

出る　ゾウリムシ
せん毛を動かして移動する。口から食べ物をとりこんで食べる。

アメーバ
体の形が決まっていない。移動するときは形を変えて移動する。

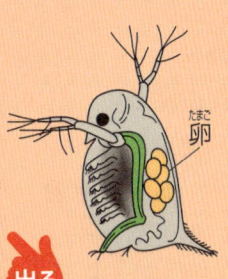

出る　ミジンコ
甲殻類。多細胞生物。卵を産んでふえる。ほかのプランクトンに比べて2mmほどと大きい。

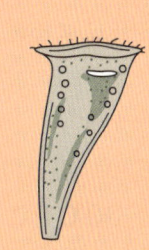

ラッパムシ
多細胞生物。口がラッパ状になっていて、そのはしに**せん毛**がある。

出る　ミドリムシ
べん毛をもっていて活発に動くが、葉緑体ももっていて**光合成**もできる。動物の性質と植物の性質をあわせもっている。

◎**植物プランクトン**…葉緑体をもっていて、**光合成**をして、自分で養分をつくることができます。（植物プランクトンは植物のなかまですが、特別にあつかいます。）

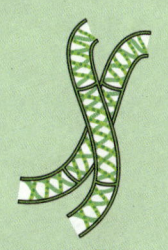

アオミドロ
多細胞生物。細長い細胞の中で、葉緑体がらせん状になっている。

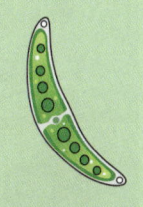

ミカヅキモ
細長く曲がっていて三日月形に見える。

ケイソウ
ケイ酸（ガラス質）でできたからをもつ。

クンショウモ
いくつかの細胞が集まって群体をつくる。

MEMO ここにあげたプランクトンは池や川などの淡水にすんでいる。海にもエビ・カニの幼生、ヤコウチュウ、ツノモなどのプランクトンがたくさんいる。

無セキツイ動物 > 刺胞動物

サンゴと地球環境

　サンゴの体は、炭酸カルシウムというものでできた骨格でおおわれています。この原料は、海水にとけている二酸化炭素です。二酸化炭素は、地球温暖化の原因の1つと考えられています。サンゴは、二酸化炭素を骨格の材料として固定して大気中の二酸化炭素を減らし、地球温暖化を抑制すると考えられています。そのサンゴが、次のような原因で少なくなっていることが問題になっています。

◎白化によるサンゴの減少

　サンゴの体内には**褐虫藻**という藻類が共生し、サンゴは褐虫藻から栄養の一部を得ています。しかし**水温が30℃をこえる**と、褐虫藻がサンゴから外に出ていってしまいます。そうすると、サンゴは藻類の色素を失い、白くなってしまうのです。この現象をサンゴの**白化**といいます。白化したサンゴは、褐虫藻がいないため栄養が十分に確保できなくなり、やがて死んでしまいます。

▲白化したサンゴ

　白化現象は、高水温以外にも**土砂の流入**や**海水の汚染**などによっても起きます。しかし、環境が改善すれば、白化したサンゴに褐虫藻がまたすみつくようになり、サンゴは回復します。

◎オニヒトデの食害によるサンゴの減少

　オニヒトデは、30～60cmくらいの大きさのヒトデで、ナマコやウニなどと同じ**棘皮動物**のなかまです。このヒトデは、体がとてもやわらかく、枝状のサンゴの間や、卓状サンゴの裏などのせまいところに入りこんでサンゴを食べてしまうのです。
　八重山諸島周辺の海域などでは、オニヒトデが異常発生しているため、人の手による駆除が行われています。

▲オニヒトデ

> MEMO サンゴが少なくなることによって、サンゴをすみかにしていた魚なども少なくなってしまう。サンゴの減少は、周辺の環境や生物に大きな影響をあたえる。

Chapter 04

魚類

▼ セキツイ動物
- 魚類
- 両生類
- は虫類
- 鳥類
- ほ乳類

▶ 無セキツイ動物

メダカ、フナ、サケ、マグロ、カツオ、サンマ、アジ、カレイ、フグなど

✓ ここだけ! 重要ポイント

★魚類の体

- ◎ **体外受精**をする。
- ◎ **からのない卵**を水中に産む**卵生**である。
- ◎ **えら呼吸**をする。
- ◎ 水温とともに体温が変わる**変温動物**である。
- ◎ 心臓は**1心房1心室**。
- ◎ 体の表面は、**うろこ**でおおわれている。
- ◎ フナなどには、浮力を調整する**うきぶくろ**がある。

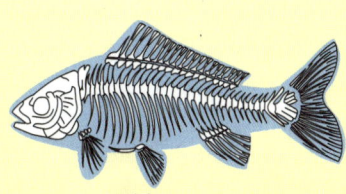

▲フナの骨格

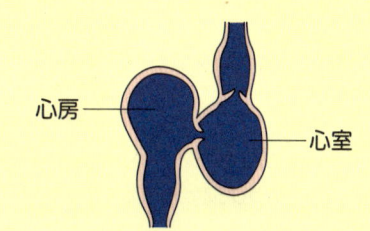

心房 — 心室

▲魚類の心臓。全身からもどった血液(静脈血)が流れている。

★えらのつくり

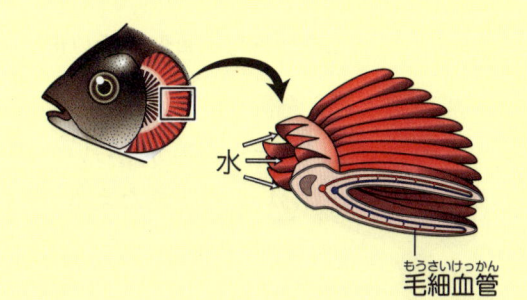

水 / 毛細血管

- ◎ えらで水中の**酸素**をとり入れ、**二酸化炭素**を出す。
- ◎ えらはくしの歯のようになっていて、ここを通る水にふれる**表面積を大きく**している。

セキツイ動物 ＞ 魚類

出る率3位 メダカ

問題
別冊8ページ⑥、9ページ⑦、13ページ⑫

ヒメダカ
観賞魚として
つくられた種。

ダツ目メダカ科 データ
生まれ方：**卵生**　体温：変温
生活場所：淡水の水中
呼吸：**えら**
食べ物：水中のプランクトン
特ちょう：**おす**…**背びれに切れこみがある。しりびれが平行四辺形。めす…しりびれが三角形。**

クロメダカ
絶滅危惧種

　全長が4cmほどと、日本で最も小さな**淡水魚**であるメダカは、小川などの**淡水**＊で生活しています。目が大きく、頭部からすこし飛び出して見えるので、「目高」と呼ばれます。**動物プランクトン**などを食べていて、特にカの幼虫であるボウフラを食べます。野生のメダカ（クロメダカ）は、かつては日本全国の小川で見られましたが、**水質の悪化や、**カダヤシなどの**外来種**（→54ページ）、放流されたヒメダカなどに生活場所をうばわれたことによって数が減り、**絶滅危惧種**＊にも指定されています。

★体の特ちょう　出る

おす
めすよりも体が少し小さい。背びれに**切れこみがある**。しりびれのうしろ側が長くなっていて**平行四辺形**に近い。

背びれに切れこみがある！
背びれ1枚
尾びれ1枚
胸びれ2枚
腹びれ2枚
しりびれ1枚
平行四辺形に近い形

めす
おすよりも体が少し大きい。背びれに切れこみがない。しりびれのうしろが短くなっていて**三角形**に近い。

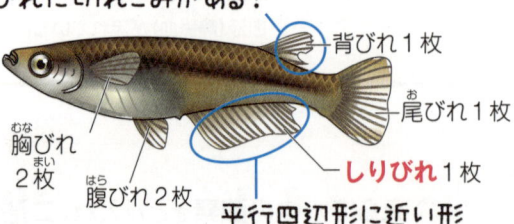

背びれに切れこみがない！
こう門
しりびれは三角形に近い形

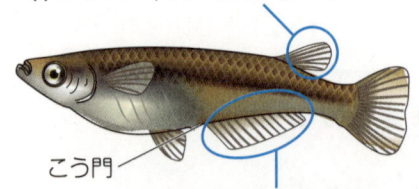

◎**メダカの飼い方**…①直接日光が当たらない明るい場所に水そうを置く。　②水そうの水はくみ置きして塩素をぬいたもの 出るを使う。水かえのときは、水そうの半分くらいの水をくみ置きの水ととりかえる。　③えさは食べ残しが出ないくらいの量をあたえる。　④**水草**を入れて卵を産みつけられるようにする。

MEMO　＊淡水…川や湖の水のように、塩分をふくまない水。　＊絶滅危惧種…数が少なくなり、絶滅してしまうおそれのある生物。　＊体外受精…体の外に出されためすの卵とおすの精子が合体して受精卵となる動物のふえ方。

★メダカの育ち

メダカは一度に**10〜30個**くらいの卵を産みます。日が出ている時間が長くなり、水温が18℃以上になる4月〜10月ごろに産卵します。産卵は**朝早く**行われます。

メダカは次のように**体外受精***をします。
①おすがめすの体をしげきする。　②めすが卵をこう門から産み出す。
③卵におすが精子をかけて**受精**させる。
④**受精卵**をめすが水草などにつける。

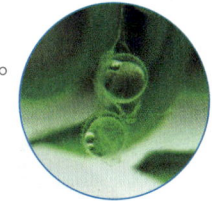

▲水草についた卵

◎メダカの受精卵の変化

生まれたばかりの卵
油のつぶ（養分）
約1mm
付着毛
水草などに卵をつけるための毛

2日後
卵黄　胚ばん

3日後
目ができ心臓が動き始める。

7日後
体の形ができ上がる。

11日後（かえったばかりの子メダカ）
4〜5mm
卵黄 ←養分が入っている。

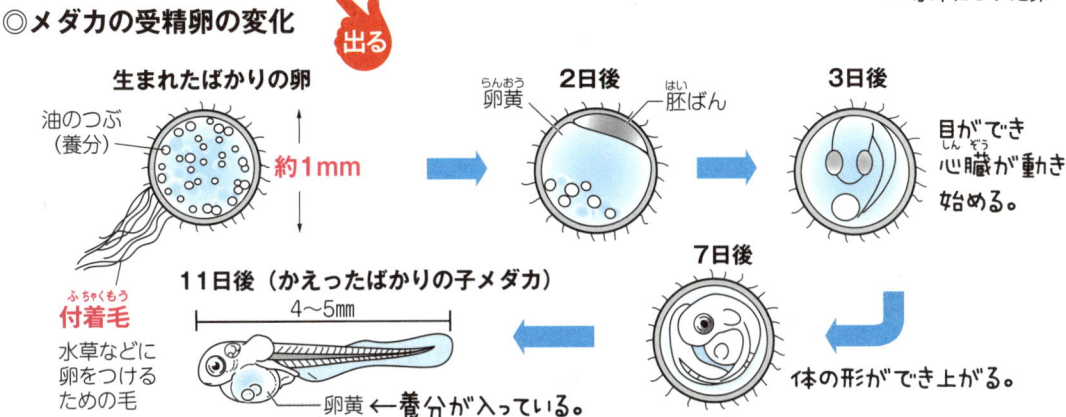

メダカの卵は、**25℃で10日**くらいでふ化します*（20℃で約17日、30℃で約8日）。かえったばかりの子メダカは、**腹についているふくろの養分で、2、3日育ちます**。この養分があるうちは何も食べません。子メダカは3か月くらいで成魚になります。

◎メダカが泳ぐ性質（走流性）

メダカが小川で生活していても流れてしまわないのは、水の動きやまわりの景色から流れを感じて、その流れと逆向きに泳ぐからです。円水そうにメダカを入れて実験してみましょう。

☀**実験1**
円水そうにメダカを10匹くらい入れて水を回転させる。
⇒メダカは流れに逆らって泳ぐことで、流されないようにします。

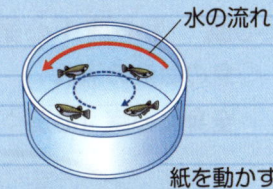

水の流れ

☀**実験2**
円水そうの外側に、図のような白黒のしま模様の円とう状の紙を置き、それを動かす。
⇒メダカはまわりの景色が動くと、自分の位置が変わっているとかんちがいします。自分の位置が変わらないようにするため、景色が変わらない方向（紙が動く方向）と同じ向きに泳ぎ出します。

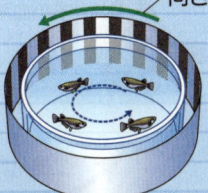

紙を動かす向き

MEMO *ふ化に最適な温度は25℃。30℃だとふ化率が下がる。また、メダカの卵は、ふ化までの間も、ふ化直後もほかの動物や産んだ親メダカに食べられてしまうことがあるので、卵はほかの水そうに移す必要がある。

セキツイ動物 > 魚類

フナ

出る率 18位

問題
別冊10ページ 8

コイ目コイ科 データ
生まれ方：**卵生** 体温：変温
呼吸：**えら**
生活場所：淡水の水中
食べ物：水中の小さな生物（プランクトン）、藻など
特ちょう：魚の体のつくりの観察によく用いられる。

★フナの体のつくり

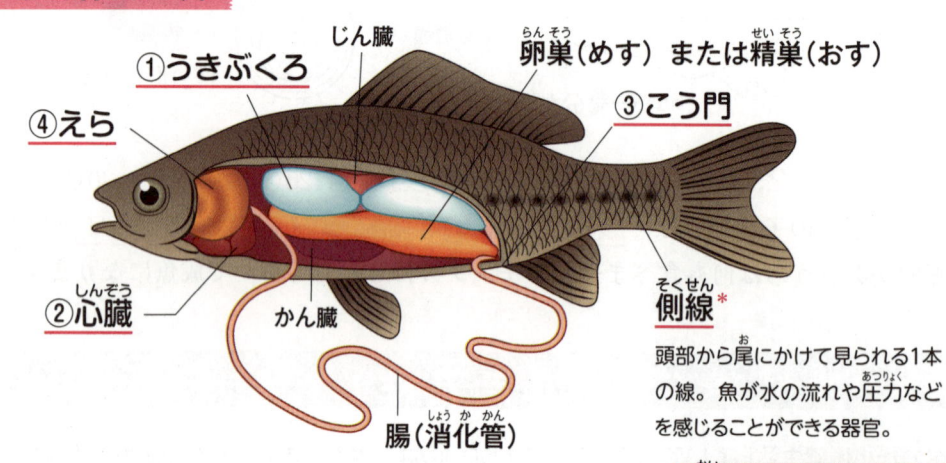

- ①うきぶくろ
- じん臓
- 卵巣（めす）または精巣（おす）
- ③こう門
- ④えら
- ②心臓
- かん臓
- 腸（消化管）
- 側線*：頭部から尾にかけて見られる1本の線。魚が水の流れや圧力などを感じることができる器官。

①**うきぶくろ**：体のうきしずみを調整しています。
②**心臓**＊：**1心房1心室**のつくり。
◎**魚の血液の流れ**
　全身 ⇨ 心臓（心房 ⇨ 心室）⇨ えら ⇨ 全身　と流れる。

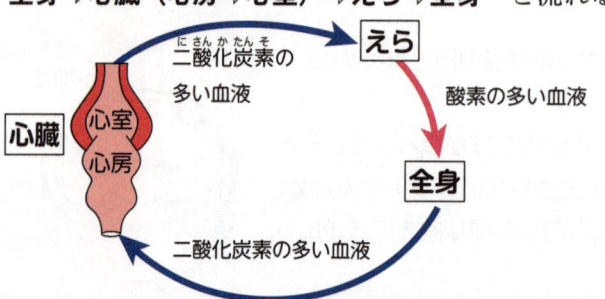

心臓（心室・心房）
二酸化炭素の多い血液 → えら
えら → 酸素の多い血液 → 全身
全身 → 二酸化炭素の多い血液 → 心臓

解ぼう用のはさみの入れ方

こう門
解ぼう用のはさみ

①こう門より少し胸のほうに、はさみの先のとがったほうで切りこみを入れる。
②次にはさみの先の丸いほうを切りこみにさし入れ、図の点線のように切る。

＊心臓の心房と心室…心臓を通る血液は、心房から心室へと流れる。
＊メダカ（→48ページ）には側線がない。

③**こう門**：腸（消化管）からのふんや精子・卵は、すべてこの一つの穴から出されます。
④**えら**：ここで**水中の酸素をとり入れ、二酸化炭素を外に出します。**細かく分かれていて、**表面積を大きくするしくみ**になっています。

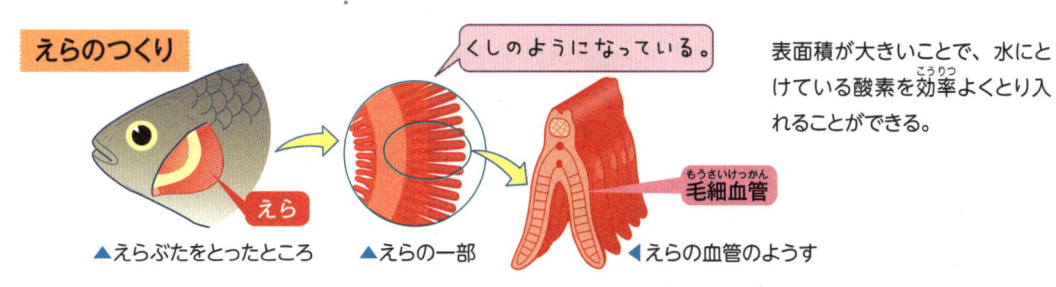

えらのつくり

くしのようになっている。

毛細血管

▲えらぶたをとったところ　▲えらの一部　◀えらの血管のようす

表面積が大きいことで、水にとけている酸素を効率よくとり入れることができる。

★魚類の呼吸のしかた

魚類は**えら呼吸**をします。水を口から吸いこんで、えらに水をふれさせ、えらぶたから水を出します。

水の通り道

水の流れ／口／えら

◎呼吸のしかた　出る

①えらぶたを閉じて口から水を吸いこむ。

口 ➡ 開ける
水を吸いこむ
えらぶた ➡ 閉じる

②口を閉じ、えらぶたを開けて水を出す。

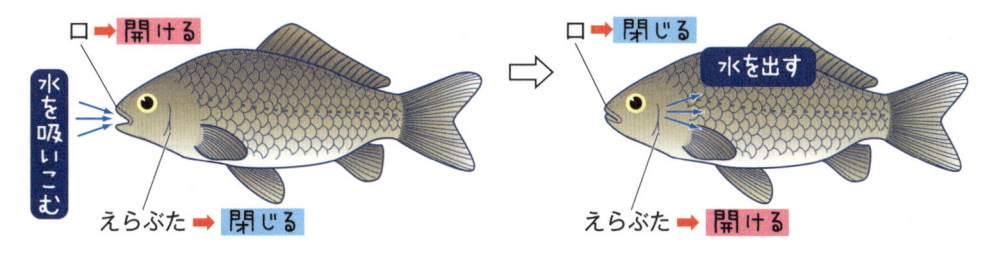

口 ➡ 閉じる
水を出す
えらぶた ➡ 開ける

◉フナのなかまの淡水魚

コイ

コイ目コイ科。外見が最もフナに似ていて、口もとに４本の口ひげがある。昔から観賞魚として飼育されている。

キンギョ

コイ目コイ科。フナのなかまのヒブナを観賞用に改良したもの。メダカと同じようにして飼うことができる。

セキツイ動物 > 魚類

サケ

サケ目サケ科
生まれ方：**卵生** 体温：変温
呼吸：**えら**
生活場所：川→海→川
食べ物：プランクトン、小型の魚、エビなど
特ちょう：川で生まれて海で成長し、生まれた川へ産卵に帰る。

川をさかのぼるシロザケ

©OPO

★サケの一生

サケは、川で生まれて海で数年かけて成長し、産卵のために**自分の生まれた川に帰ってくる**魚です。このように、成長の段階や環境によってすむ場所を変える魚を**回遊魚**（→55ページ）といいます。

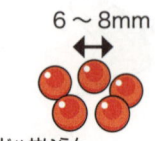

① 受精卵（6～8mm）
秋ごろに産卵された卵は、受精から約60日でふ化する。（温度が高いと成長が早い。）

ふ化 ⇒

② 腹の養分で育つ（2cm）
60日間くらい、石の下などで**腹のふくろの栄養分**で育つ。

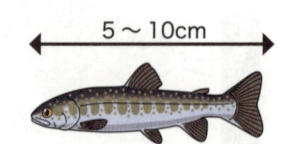

出る

③ 川を下る（5～10cm）
泳いでプランクトンを食べながら川を下る。

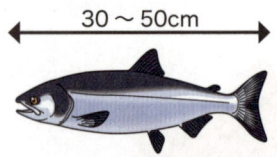

④ 海に出る（30～50cm）
食べ物を求めて、北太平洋からアラスカ沖まで回遊する。4～6年かけて、1万km以上を移動しながら成長する。

⑤ 生まれた川を上る（80cm）
十分に成長したサケは、生まれた川へ帰ってくる。地球の磁界を感じて自分の生まれた川の近くにもどり、においで判別してその川を上ると考えられている。

出る

⑥ 産卵
地下水がわき出るところをさがし出し、穴をほる。めすが産んだ卵におすが精子をかけて受精させる（**体外受精**）。

MEMO サケは、海に出るとおもに小さなエビなどの甲殻類を食べるので、肉の色がピンク色になる。養殖されるニジマスも、えさにエビをあたえることで身をピンク色にする。また、サケの卵は、イクラ、すじことして食用にされる（→57ページ）。

★体の特ちょう

サケのなかまは背びれの後ろに**あぶらびれ**という骨のないひれをもっています。フナやメダカにはないひれです。このひれはほとんどはたらいていないので、放流のときの目印にするために切ることもあります。

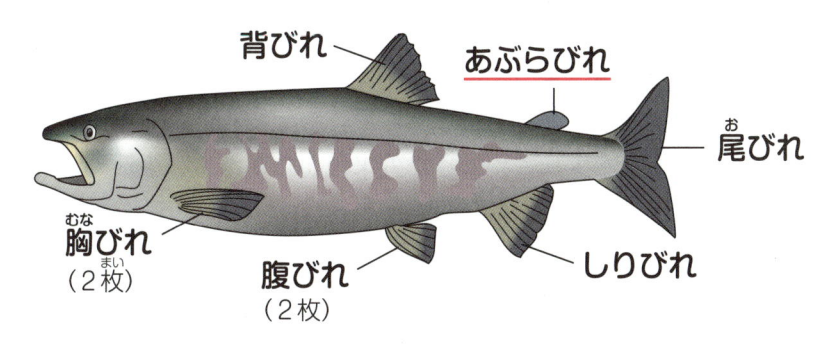

背びれ　あぶらびれ　尾びれ
胸びれ（2枚）　腹びれ（2枚）　しりびれ

★サケのなかま

イワナ（サケ目サケ科）
きれいな川にすむサケのなかま。一生淡水で生活する。生まれてから2年ほどで成魚になる。きれいな白い点の模様が特ちょう。

ニジマス（サケ目サケ科）
おもに食用のため日本に持ちこまれた外来種（→ 54ページ）。すしねたのサーモンの多くが養殖されたニジマスのなかま。野生のものは冷たい淡水で生活する。

◎海と川を行き来する魚－ウナギ

　海や川をまたいで生活場所を変える魚には、サケのほかにアユやウナギがいます。
　ウナギは、昔から食用とされている身近な魚ですが、実は最近までその生態がよくわかっていませんでした。ウナギは養殖*がさかんですが、卵から育てるのではなく、川に上ってきた幼魚をつかまえて育てる方法がとられています。ウナギはどこで卵を産んでいるのかわかっていなかったのです。しかし最近、その産卵場所がはるか南の海であることがわかりました。
　ウナギは、6月ごろに南の海で産卵します。ふ化したウナギは、海流にのってただよいながら成長し、冬から春にかけて日本の川を上ってきます。そして川で5～10年ほど成長したあと、海へ向かい産卵します。

ウナギ

MEMO　*養殖…おもに食用として利用するために、生き物を人工的にふやし育てること。
サケが川から海へ出られるのは、えらから余分な塩分を出すしくみをもっているからである。

セキツイ動物 ＞ 魚類

外来種（外来生物、帰化動物）とは

外来種とは、**外来生物**、**帰化動物**とも呼ばれ、食料やペットにするなどの目的で外国から持ちこまれた生物で、自然に放されたり、にげたりして野生化したもののことです。外来種によって、もともといた生物（在来種）が食べられて生物どうしのバランス（生態系）が乱されたり、農作物が荒らされるなど、人間の生活にも影響が及ぶこともあります。このような外来種から私たちの生活や日本に昔からいる生物を守るため、平成17年、外来生物法（通称）という法律ができました。

私たちがしなければいけないことは次の3つだといわれています。
① **入れない**：外来生物をむやみに日本に入れない。
② **捨てない**：飼っている外来生物を野外に捨てない。
③ **ひろげない**：野外にすでにいる外来生物はほかの地域にひろげない。

この3つなら自分たちには関係ないと思われがちですが、もう身近にいる生物もこの法律の対象になっているのです。いくつかの例を見ていきましょう。

◎**ブラックバスとブルーギル**　つりの対象として人気のこれらの魚はこの法律の対象になっています。この2つは肉食の魚類で、もともと日本にいたほかの魚などをどんどん食べてしまうのです。また、魚としてはめずらしく、子どもがある程度成長するまでの間、親が面倒を見るので、魚の子どもがほかの魚に食べられることが少ないのです。つまり、一度そこでふえ始めると、もうれつな勢いでふえるのです。

▲ブラックバス

◎**ミドリガメ**　ミシシッピアカミミガメというのが本名です。ペットショップなどでかわいらしい姿で売られていますが、成長すると緑色から褐色に変わり、どうもうになります。またカメのなかまは大変寿命が長いので、飼えなくなって放されたものが野生化して在来種のイシガメが生活の場をおわれるなど、大きな問題になっています。

◎**アライグマ**　北アメリカ原産の生物です。外見は大変かわいらしいアライグマですが、成長すると凶暴になります。放してしまったりにげ出したりしたものが野生化しています。在来種のタヌキが生活の場をおわれたり、農産物や人に被害が及ぶような場面も出てきています。

MEMO　メダカに似た魚「カダヤシ」もアメリカからの外来種。メダカとカダヤシは生活場所や食べ物が同じだが、カダヤシは一度に100匹くらいの子を産み、メダカに比べて水質汚染にも強いので生息域をひろげている。

セキツイ動物 > 魚類

マグロ・カツオ

スズキ目サバ科
生まれ方：卵生　体温：変温
生息場所：海
呼吸：えら（えらぶたを動かさず、口を開けて泳ぐことで呼吸をする。）
特ちょう：回遊魚。**食物連鎖の上位の消費者**。速く泳げる流線形。

クロマグロ

カツオ

　マグロやカツオは、環境の変化に応じて広い海域を泳ぎ回る**回遊魚**です。魚やイカなどを食べる肉食で、**食物連鎖***の上位に位置する大型の魚です。

★マグロ・カツオの体の特ちょう

外見上の特ちょう
◎**体の形が流線形**…回遊魚は**流線形**と呼ばれる、水の抵抗が少ない形をしています。この形によって速く泳ぐことができます。
◎**えらが動かない**…メダカやフナは、口とえらぶたを閉じ開きして水をとり入れますが、マグロやカツオは、口を開いてつねに泳ぎ続けることによって水をとり入れ、呼吸をします。呼吸をするために、止まらず泳ぐしかないのです。

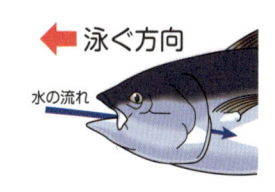

← 泳ぐ方向
水の流れ

内面上の特ちょう
◎**筋肉に赤みが多い**…マグロやカツオの筋肉は、**血合筋（血合肉）**という赤い色をした筋肉が多くあります。血合筋が多いと、長時間にわたって力を出し続けることができます。これが回遊魚が泳ぎ続けることができる理由です。

セキツイ動物 > 魚類

サンマ
ダツ目サンマ科

　日本付近では夏にオホーツク海で回遊し、**秋**には**産卵**のために**九州**まで**南下**します。海面近くを大きな群れで生活します。プランクトンや小型の甲殻類などを食べています。

アジ
スズキ目アジ科

▲マアジ

　尾の近くの側線の部分に「**ぜいご**」と呼ばれるとげ状の**うろこ**があるのが特ちょうです。マアジは20〜30cmくらいの小型の魚で、小型の甲殻類などを食べています。

カレイ
カレイ目カレイ科

▲マコガレイ

　平たい形をしていて、海底で生活します。水中を上下することがあまりないので、浮力を調整するうきぶくろがありません。そのため、体の周囲にあるひれ（背びれやしりびれが変化したもの）を動かす筋肉が発達しています。

フグ
フグ目フグ科

▲トラフグ

　もう毒（テトロドトキシン）をもつ魚としてよく知られています。するどい歯があります。興奮させると腹部（胃）をふくらませます。うろこが目立たない種類が多いですが、フグのなかまであるハリセンボンのとげはうろこが変化したものです。

セキツイ動物 > 魚類

これ何の卵？—いろいろな魚の卵

お店でよく見かけるイクラやたらこは、どんな魚の卵なのでしょう。時々出題されますので、確かめておきましょう。

◎**すじこ、イクラ**…**サケ**（→52ページ）の卵です。サケの卵巣を、卵巣のまくに入ったまま塩づけにしたものがすじこ（筋子）です。また、卵巣のまくをやぶって卵をひとつひとつバラバラにし、こい食塩水につけたものがイクラです。

◎**たらこ**…**スケトウダラ**というタラのなかまの卵です。スケトウダラは、貝や小魚などを食べる肉食の魚類です。白身の魚で、新鮮なものはなべ料理などにしてよく食べられます。寄生虫が多いので、食べる際にはよく加熱するなど、注意が必要です。スケトウダラの卵巣を塩づけにしたものがたらこです。

◎**かずのこ**…おせち料理に欠かせないかずのこ（数の子）は、**ニシン**の卵です。ニシンは北太平洋を回遊する回遊魚です。昔は大量にとれた魚ですが、1955年ごろから水揚げ量が激減してしまっています。最近は、稚魚の放流などにより、水揚げ量が少しずつ回復しつつあります。ニシンの卵巣の塩づけがかずのこです。

◎**とびこ（とびっこ）**…すしの軍かん巻きなどとして食べるとびこ（飛子）は、**トビウオ**の卵です。トビウオは、名前の通り胸びれがつばさ状になっていて、敵からにげるとき、海面から3mくらいの高さで、300mも飛ぶことがあります。トビウオの卵を塩づけにしたものがとびこです。

★魚の産卵数

魚類の卵にはニワトリの卵のようなからがありません。また、多くの種類では産みっぱなしで、育てたり卵を守ったりする魚は少ないので、成魚にまでなれる魚の数は大変少なくなります。そのため、魚はたくさんの卵を産んでおく必要があるのです。

右の表を見ると、**マンボウ**の産卵数が群をぬいて多いのがわかりますね。でもマンボウがたくさんとれるという話は聞きません。マンボウは体長が3m以上にもなる大きな魚ですが、その卵は大変小さく、ほとんどが成魚になる前にほかの魚などに食べられてしまうのです。

魚の種類	卵の数
マンボウ	3億
メカジキ	1600万
タラ	300万～900万
キハダ	50万～850万
コイ	36000～700万
チョウザメ	128000～100万
ニシン	2万～4万
ニジマス	1590～3459

（理科年表平成23年版より）

セキツイ動物 > 魚類

魚? 魚じゃない? − 海の動物

海の中で生活しているセキツイ動物は、おもに**魚類**と**ほ乳類**です。両方とも泳ぐ必要があるのでそれに適した体になっていて、形が似ていますね。どれが魚類でどれがほ乳類か、しっかり区別できるようにしましょう。

◎サメ・エイ…**サメ**や**エイ**のなかまは**魚類**です。ところがふつうの魚類とちがってかたい骨をもたず、歯以外の全身の骨が軟骨でできている魚*です。

◎タツノオトシゴ…魚のなかまには不思議な形のものもいます。**タツノオトシゴ**は、こう見えても魚です。あまり目立ちませんが、**えら**や**ひれ**をもっています。
めすはおすの腹の中にあるふくろ状の育児のうというところに産卵し、おすはふ化するまで卵を保護します。

▲エイ(オニイトマキエイ) 　▲サメ(オグロメジロザメ) 　▲タツノオトシゴ

◎イルカ・クジラ…**イルカ**や**クジラ**(→87ページ)のなかまは、体の形が魚類に似ていますが**ほ乳類**です。ほ乳類なので**肺呼吸**をします。クジラやイルカが潮をふいているのは、頭頂部の鼻孔で息をしているからです。うろこはもっていません。子宮で子どもが育ってから産み、子に乳をやります。イルカの胎児には体毛もあります。

▲ザトウクジラの潮ふき

◎見分け方…魚類と海のほ乳類との大きなちがいは、**泳ぐときのひれのふり方**です。魚類が泳ぐときは、体を左右にふります。一方ほ乳類のイルカやクジラは、体を上下にふります。水族館などで、尾びれの動きをよく観察してみましょう。

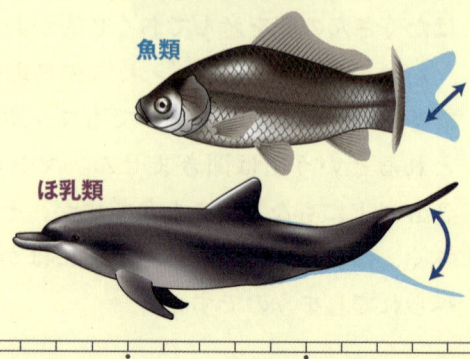

MEMO　*メダカ、フナ、サケ、アジなど、ふつうの魚は、かたい骨をもっていることから、これらを硬骨魚類と呼ぶ。それに対し、サメやエイなど体が軟骨でできているなかまを軟骨魚類と呼ぶ。

両生類・は虫類

▼ セキツイ動物
- 魚類
- 両生類
- は虫類
- 鳥類
- ほ乳類

▶ 無セキツイ動物

カエル、イモリ、オオサンショウウオ、トカゲ、ヤモリ、カナヘビ、ワニ、ヘビ、カメなど

✓ ここだけ！重要ポイント

★両生類

☀ **両生類のなかま** …カエル、イモリ、サンショウウオなど。

- ◎ **体外受精**をする。
- ◎ 水中に**寒天質**で包まれた**卵**を産む**卵生**である。
- ◎ 幼生のときは**えら呼吸**、成体は**肺と皮ふ**で呼吸する。
- ◎ 気温とともに体温が変わる**変温動物**である。
- ◎ 心臓は、**2心房1心室**である。
- ◎ 体の表面は、なめらかでぬれている。

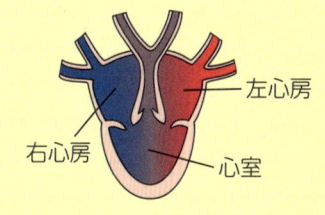

▲両生類の心臓。動脈血と静脈血が心室で混じり合う。

★は虫類

☀ **は虫類のなかま** …トカゲ、ヤモリ、カナヘビ、ワニ、ヘビ、カメなど。

- ◎ **体内受精**をする。
- ◎ 陸上に**からのある卵**を産む**卵生**である。
- ◎ **肺呼吸**をする。
- ◎ 気温とともに体温が変わる**変温動物**である。
- ◎ 心臓は**2心房2心室（不完全）**。
- ◎ 体の表面は**うろこやこうら**におおわれている。

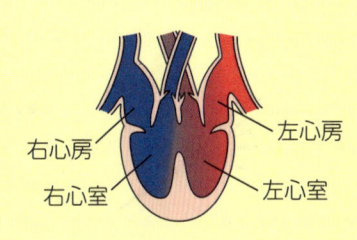

▲は虫類の心臓。心室は2つに分かれているが、かべが不完全。

セキツイ動物 ＞ 両生類

出る率2位 カエル

→問題
別冊11ページ⑨、14ページ⑮

両生類・無尾目 データ
生まれ方：**卵生**（からがない）
体温：**変温**
生活場所：幼生…淡水の水中
　　　　　成体…水辺やしめった陸上
呼吸：幼生…**えら**　成体…**肺と皮ふ**
特ちょう：幼生を**おたまじゃくし**と呼ぶ。
冬眠する。

ヒキガエル（ヒキガエル科）

★カエルの育ち

　ヒキガエルは、春になると水中に卵を産みます。卵は**からがなく**、寒天状のものに包まれ、ひものようになっています。**体外受精**をして、**受精卵**になります。

　受精卵は、しだいに細胞が分かれ、細長くなって体の形ができていきます。ふ化したカエルの**幼生***が**おたまじゃくし**です。おたまじゃくしは水中で生活します。やがて**変態***をして**成体***になります。

おすはめすの体をつかみ、めすが産んだ卵に精子をかける。卵の数は2500〜10000個にもなる。

ヒキガエルの卵はひも状につらなっている。

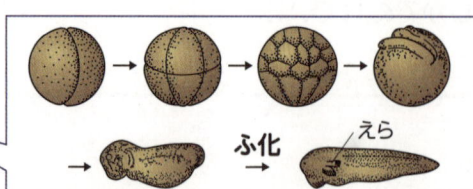

細かく細胞が分かれて、体の形ができる。10日くらいでふ化する。

おたまじゃくしは**水草**や**死んだ昆虫**など食べる。

約20〜30日後、先に**後ろあし**が出る。

約40日後、**前あし**が出る。

約60日後、**尾**が短くなる。

成体は、**昆虫**や**ミミズ**などを食べる。

MEMO　＊幼生…子どもの姿。　＊変態…成長過程で体の形を変えること。　＊成体…親の姿。

カエルは成体になると、しめった場所や水辺などの陸上で生活します。気温とともに体温が変化する**変温動物**のため、冬になると体温が下がり、土の中にもぐって**冬眠**します。

▲冬眠するヒキガエル

★体の特ちょう

◎**幼生**…幼生のおたまじゃくしは**えら**をもち、**えら呼吸**をします。また、あしがなく、ひれのついた尾をもちます。

◎**成体**…成体は、えらがなくなり、**肺**ができて**肺呼吸**をします。また、肺呼吸とともに**皮ふ呼吸**も行っているため、体の表面は常にしめっています。尾がなくなって、4本のあしをもちます。後ろあしが発達していて、水かきを利用して活発に泳ぎます。長い舌があり、舌をのばして昆虫などのえものをとらえます。ヒキガエルの成体は、さわると毒のある液を出します。

⦿テストに出るカエルのなかま

トノサマガエル
◀成体　卵▼

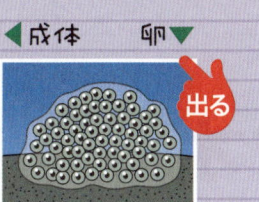

アカガエル科。水田や池などで生活する。卵は、ひとつひとつが水中でひとかたまりになっている。関東から仙台にはいない。

アマガエル
◀成体　卵▼

アマガエル科。周囲の環境に合わせて体の色を変化させることができる。水草に少しずつ卵を産む。

ウシガエル
◀成体　卵▼

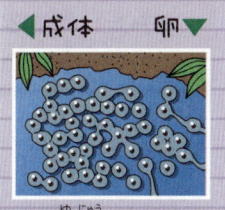

アカガエル科。食用として輸入された外来種（→54ページ）。野生化してもとからいる生物を食べるため、問題となっている。卵は水面に広がっている。

モリアオガエル
◀成体　卵▼

アオガエル科。森の中の樹上で生活する。池や沼の上に枝をのばした木に、あわに包まれた卵を産む。あわの中でふ化したおたまじゃくしは、水面に落下する。

MEMO カエルは、たくさんのカエルがいっせいに集まって卵を産むため、これを「カエル合戦」という。目のうしろには、こまくがあり、ここで音を聞く。鳴くときは、ほおやあごの部分の空気のふくろをふくらませる。

セキツイ動物 > 両生類

イモリ

→問題
別冊11ページ⑨、13ページ⑫

> 両生類・有尾目イモリ科
> 生まれ方：**卵生**（からがない）
> 体温：変温　　生活場所：淡水
> 呼吸：幼生…**えら**　成体…**肺と皮ふ**
> 特ちょう：**両生類**。幼生はえらが体の外に出ている。

アカハライモリ　準絶滅危惧種

　イモリはカエルと同じ**両生類**です。寒天状のものに包まれた卵を水中に1つずつ産みます。幼生は、体の外に出ている**えら**で呼吸をします。やがて**前あし→後ろあし**の順にあしが生えます（**カエルとは逆**）。成体になるとえらがなくなって**肺呼吸**をするようになり、陸上でも生活するようになります（皮ふ呼吸の割合も高い）。**変温動物**で、気温が低くなると土の中などで**冬眠**します。

▲イモリの幼生

オオサンショウウオ

> 両生類・有尾目オオサンショウウオ科
> 生まれ方：**卵生**（からがない）
> 体温：変温　　生活場所：淡水
> 呼吸：幼生…**えら**　成体…**肺と皮ふ**
> 特ちょう：**両生類**。大型のサンショウウオ。絶滅危惧種。

オオサンショウウオ　絶滅危惧種

　サンショウウオのなかまは**両生類**です。カエルのように寒天状のものに包まれた多くの卵をまとめて産みます。幼生は体の外に出ている**えら**で呼吸をします。成体は**肺呼吸**をしますが、**皮ふ呼吸**の割合が大変高く、ねんまくにおおわれた皮ふがかわいてしまうと、皮ふ呼吸ができなくなってしまうので、水がないところでは生きられません。

MEMO
イモリやサンショウウオのなかまは、成長したあとも尾があるので、有尾目という分類名がつけられている。
アホロートル（ウーパールーパー）は、両生類で、イモリの幼生のように、えらが体の外に出たまま成体となる。

セキツイ動物 ＞ は虫類

トカゲ・ヤモリ・カナヘビ

→ 問題　別冊11ページ⑨、13ページ⑫

ニホントカゲ
©OPO

は虫類・有鱗目（ゆうりんもく）
生まれ方：**卵生**（らんせい）（からがある）
体温：変温　　生活場所：陸上
呼吸：肺
特ちょう：は虫類。両生類のイモリとまちがえないように。

ニホンヤモリ

ニホンカナヘビ

　トカゲやヤモリ、カナヘビは、**は虫類**のなかまです。両生類とのちがいをおさえておきましょう。

★両生類 と は虫類 のちがい 〔出る〕

種類	両生類 例：イモリ	は虫類 例：トカゲ・ヤモリ・カナヘビ
卵	**寒天状**のものに包まれた卵を**水中**に産む。	やわらかい**からのある卵**を**陸上**に産む。
受精	**体外受精**。	**体内受精**。交尾をする。
変態	幼生→成体と**変態する**。	卵から産まれた時点で親と同じ形。**変態しない**。
呼吸	幼生…**えら**　成体…**肺**	**肺**
体表	**ねんまく**でおおわれていて、おもに**水中**で生活。	**うろこ**でおおわれていて、**陸上**で生活。
体温	変温	変温
再生能力	骨まで再生する。	再生するが、骨は再生しない。

MEMO　トカゲは、敵におそわれたとき、しっぽを自分で切る自切という行動をとって身の安全を守る。自切した部分はやがて再生するが、骨までは再生しない。一方イモリは、何らかの原因で尾などが失われても、骨もふくめ再生する。

セキツイ動物 ＞ は虫類

ワニ

ジョンストンワニ（オーストラリアワニ）
（クロコダイル科）

は虫類・ワニ目
生まれ方：**卵生**　体温：**変温**
生活場所：おもに川や沼など、淡水の水中や水辺
呼吸：**肺**
特ちょう：するどい歯をもち**肉食**。卵生だが、卵の保護をする。

★体の特ちょう

　ワニは「恐竜時代の生き残り」といわれるほど、大昔から形があまり変わっていない生物です。おもに熱帯*や亜熱帯*の川や沼などの淡水の水辺で生活し、魚や鳥、ほ乳類などを食べる**肉食**です。するどい歯はどれも同じ形（同形歯）をしていて、どんどんぬけかわります。えものをとらえると、体をくねらせながらかみ切ります。**肺呼吸**をしていて、水中で生活していても鼻のあなと目は水面上に出ているような体のつくりをしています。また、**変温動物**ですが、あたたかい地方にすんでいる種類はほとんどが冬眠しません。

▲ワニの歯

★ワニのふえ方

　交尾をして**体内受精**をし、やわらかいからのある**卵**を産みます。卵は受精直後は性別が決まっておらず、周囲の温度によっておす・めすが決定します。そのため、地球温暖化で、おす・めすの比率が乱れてしまうのではないかと心配されています。
　多くのワニは、めすが草などを集めて巣のようなものをつくり、**卵を保護**をします。卵がふ化するとき、からを割るなどしてふ化を手助けをするものや、子ワニを水辺へ運ぶものもいます。は虫類のなかで、ふ化後の子どもの世話をするのはワニのなかまだけです。

MEMO　*熱帯…赤道近く（低緯度）で1年を通じて気温が高い地帯。雨が多い。インドやフィリピン、アフリカ中部、南アメリカなど。　亜熱帯…熱帯についで1年を通じて気温が高い地帯。アメリカ南部やメキシコ、アフリカ北部など。

セキツイ動物 > は虫類

出る率13位 ヘビ

▶問題 別冊14ページ⑮

は虫類・有隣目 データ
- 生まれ方：卵生　体温：変温
- 生活場所：おもに陸上（または海）
- 呼吸：肺
- 特ちょう：昆虫やカエルなどを食べ、ワシなどのえものとなる。毒をもつものも多い。

アオダイショウ（ナミヘビ科）
日本本土で最大のヘビ。腹部のうろこを使って木に登るのが得意。毒はない。

★体の特ちょうとふえ方

体は細長く、表面は**うろこ**でおおわれています。**変温動物**で、日本にいる種類の多くは冬の間は**冬眠**します。多くの種類で毒をもっています。昆虫やカエルなどを食べる**肉食**で、ワシなどの猛禽類に食べられます。あごの骨が自由に動き、大きなえものも丸のみにできます。

交尾をして**体内受精**をし、やわらかいからのある**卵**を産む**卵生**です（マムシのように、**卵胎生**＊というふえ方をする種類もいます）。脱皮をくり返して大きくなります。

⊙テストに出るヘビのなかま

マムシ
クサリヘビ科。熱（赤外線）を感じとる器官（ピット器官）がある。毒をもっていて、日本で起こるヘビにかまれる事故の件数はいちばん多い。**卵胎生**というふえ方をする。

ヤマカガシ
ナミヘビ科。北海道以外の日本にすむ。毒をもつがおとなしいヘビ。毒は、もとからもっている毒（もう毒）と、食べたヒキガエルの毒をためたものをもっている。

MEMO　＊卵胎生…卵をめすの体の中でかえしてから子どもを産み出すふえ方。
トカゲにはまぶたがあるが、ヘビにはまぶたがなく、透明な保護膜でおおわれている。

セキツイ動物 ＞ は虫類

出る率8位 カメ

イシガメ（イシガメ科）

は虫類・カメ目 データ
生まれ方：**卵生**　体温：**変温**
生活場所：陸上、水中、または両方で生活するが、**産卵は陸上**。
呼吸：**肺**
特ちょう：じょうぶなこうらで身を守る。**冬眠**するものがいる。

★体の特ちょうとふえ方

カメの体は、背骨などと一体化したがんじょうな**こうら**でおおわれていて、頭やあしを収納できるようになっています。カメは**変温動物**で、冬の間は**冬眠**します。交尾をして**体内受精**をし、やわらかいからのある**卵**を産みます。陸、淡水、海といろいろな場所をすみかとするものがいますが、どの種類も**肺呼吸**をし、産卵は必ず**陸上**で行います。

★海のカメと陸のカメ

海のカメと陸のカメは、それぞれの場所に適した体の形をしています。ウミガメは、陸上に産卵しますが、それ以外は海で生活するなかまです。前あしが魚のひれのように変化していて、**泳ぐ**のに適しています。リクガメは、乾燥に強く、しっかりと太いあしをもっていて、**陸上生活**に適しています。

ウミガメ
前あしがひれのように変化している。大型のものが多く、オサガメは2mにもなる。海藻やクラゲなどを食べる。

▲アオウミガメ（カメ目ウミガメ科）

リクガメ
丸くもり上がった形のこうら。おもに植物を食べるものが多い。

▲ヒョウモンガメ（カメ目リクガメ科）

MEMO ミドリガメ（ミシシッピアカミミガメ）やカミツキガメ、ワニガメは、外来種（帰化生物）（→54ページ）である。日本にもとからいる生物を食べてしまったり、人に危害を加えたりするため、問題となっている。

Chapter 06

鳥類(ちょうるい)

▼ セキツイ動物
　├ 魚　類
　├ 両生類
　├ は虫類
　├ 鳥　類 ……………
　└ ほ乳類
▶ 無セキツイ動物

■ ニワトリ、ツバメ、ハクチョウ、カモ、スズメ、ハト、カラス、タカ、フクロウ、ペンギン、ダチョウなど

✓ ここだけ！ 重要ポイント

★鳥類の体

◎ **体内受精(たいないじゅせい)**をする。
◎ 陸上に**かたいからのある卵(たまご)**を産む卵生(らんせい)である。
◎ **肺呼吸(はいこきゅう)**をする。
◎ 気温が変化しても体温を一定に保つ**恒温動物(こうおんどうぶつ)**である。
◎ 心臓(しんぞう)は**2心房(しんぼう)2心室(しんしつ)**。
◎ 体の表面は**羽毛(うもう)**でおおわれている。
◎ 前あしは**つばさ**になっている。

☀ **飛べない鳥類** …ペンギン、ダチョウなど

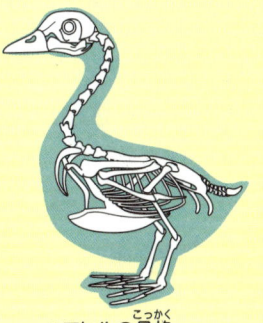

▲アヒルの骨格(こっかく)

右心房　左心房
右心室　左心室

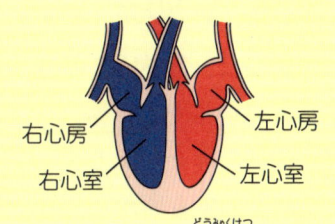

▲鳥類の心臓。動脈血(どうみゃくけつ)と静脈血(じょうみゃくけつ)が混(ま)じらない。

★渡り鳥(わたりどり)

◎ **夏鳥(なつどり)**…繁殖(はんしょく)のために南の国から日本に渡ってきて、**夏を日本ですごす鳥**
　→**ツバメ、カッコウ、サシバ**など

◎ **冬鳥(ふゆどり)**…冬をこすために北の国から日本に渡ってきて、**冬を日本ですごす鳥**
　→**マガモ、オオハクチョウ、ツル、ガン**など

◎ **旅鳥(たびどり)**…渡りの途中(とちゅう)に**日本に立ち寄(よ)る鳥**→**シギ、チドリ**など

セキツイ動物 > 鳥類

出る率20位 ニワトリ

キジ目キジ科
生まれ方：**卵生**　体温：**恒温**
生活場所：陸上
呼吸：**肺**
特ちょう：頭部には**とさか**があり、おすのほうが大きい。**かたいからの卵**を産む。

ニワトリのおす（奥）とめす（手前）

©OPO

★体の特ちょう

　ニワトリは、人が肉や卵を食用とするために飼育され、さまざまな改良をされてきました。頭部には**とさか**があり、めすよりおすのほうが体が大きくなっています。**前あし**が変化した**つばさ**をもっていますが、飛ぶのは苦手です。ニワトリなどの鳥類は、体が**羽毛**につつまれ、**体温が一定**です。気温が変化しても体温を一定に保つことができる動物を**恒温動物**といいます。また、陸上で生活するため、**肺呼吸**をしています。

★ニワトリの卵

　鳥類は、**体内受精**したあと、陸上で卵を産みます。卵は、**石灰質**のかたいからでおおわれているため、**陸上でもかんそうしにくくなっています**。親は卵をだいてあたためて、卵をかえします。売られているほとんどの卵は**受精していない**（無精卵）ので、あたためても卵からひなはかえりません。

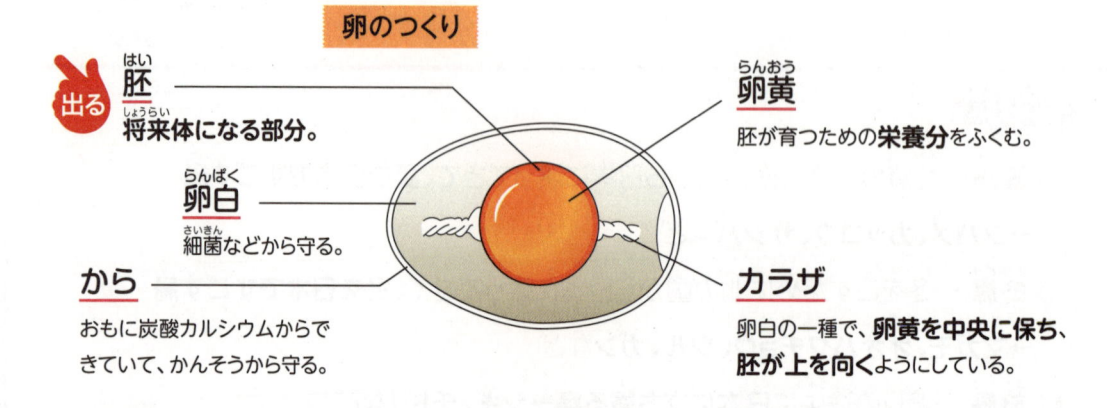

卵のつくり

胚
将来体になる部分。

卵黄
胚が育つための**栄養分**をふくむ。

卵白
細菌などから守る。

から
おもに炭酸カルシウムからできていて、かんそうから守る。

カラザ
卵白の一種で、**卵黄を中央に保ち**、**胚が上を向く**ようにしている。

MEMO 受精卵の胚が育つためには、空気（酸素）が必要なので、卵のからや、からの内側にあるまくは空気を通す。
卵のからの色は、親鳥の品種によって色が変わるが、からの色によって栄養価が変わることはない。

セキツイ動物 > 鳥類

出る率17位 ツバメ

▶問題
別冊11ページ⑩、12ページ⑪

スズメ目ツバメ科
生まれ方：**卵生**　体温：**恒温**
呼吸：**肺**
特ちょう：**渡り鳥**。春に日本にきて冬には南へ渡る**夏鳥**。日本では**軒先**などに巣をつくって子育てをする。体が細長くつばさが大きいので飛ぶのは得意だが、歩くのは苦手。

子育てをするツバメ

　ツバメは、春に東南アジアなどの南の国から日本にやってきて巣を作り、子育てをします。ツバメのように夏を日本ですごす<u>渡り鳥</u>（→70ページ）を<u>夏鳥</u>といいます🔥。

★日本でのツバメの生活

　春に日本に渡ってくると、**軒先など**🔥にどろやかれ草などをだ液で固めて**巣***をつくります。
　巣ができると、めすは巣の中に3～7個の**からのある卵**を産み*、卵をだいてあたためます。約2週間で卵がふ化します。親鳥は、飛んでいる昆虫を空中でつかまえてひなにあたえ、**子育て**をします。
　ふ化から20日ほどでひなは巣立ちます。巣立ってからも自分でえものがとれるようになるまで<u>親鳥から食べ物をもらいます</u>。ひとり立ちした若いツバメは、湿地に広がるヨシ原などに集団でねぐら*をつくります。やがて子育てを終えた親鳥もねぐらに合流し、秋になると**南の国**へ集団で渡っていきます。

★ツバメと天気予報　出る

◎「**ツバメが低いところを飛ぶと、雨になる**」…雨が降る前は、しめった空気がやってきます。ツバメの食べ物である昆虫は、空気がしめっていると高く飛べなくなるので、ツバメも低いところを飛ぶため。

MEMO
*巣作りや子育てはおすとめすが協力して行う。古い巣を直して利用するものもいる。
*親鳥は、4月～7月にかけて2回ほど卵を産んで子育てをするものもいる。　*ねぐら…鳥が夜にねる場所。

69

セキツイ動物 > 鳥類

渡り鳥 出る

No. _____
date _____

食べ物を求めたり繁殖をするために、生活場所をかえ、長い距離を移動する鳥を**渡り鳥**といいます。渡り鳥は大きく**夏鳥**、**冬鳥**、**旅鳥**に分けられます 出る。

◎**夏鳥**…繁殖のために南の国から日本に渡ってきて、**夏を日本で過ごす鳥**。冬は南の国で過ごす。**ツバメ、カッコウ、サシバ**など。

◎**冬鳥**…冬をこすために北の国から日本に渡ってきて、**冬を日本で過ごす鳥**。夏は北の国で繁殖する。**マガモ、ハクチョウ、ツル、ガン、オオワシ**など。

◎**旅鳥**…日本より北の国で繁殖し、日本より南の国で冬をこすため、**渡りの途中に日本に立ち寄る鳥**。**シギ、チドリ**など。

◎他人に子育てをさせるカッコウ

カッコウは、ツバメと同じ夏鳥で、名前のとおり「カッコウ」と鳴きます。

カッコウの子育ては独特で、卵をほかの種類の鳥の巣に産みます。ふ化したひなは、もともとあったその鳥の巣の卵やひなを下に落としてしまいます。その巣の親は、カッコウのひなを自分の子どものように育てるのです。

このように、ほかの鳥の巣に卵を産んで育ててもらうことを**たく卵**といいます。ほかにもツツドリ、ホトトギスなどのカッコウ科の鳥がウグイス科の鳥にたく卵をします。

カッコウのたく卵

▲カッコウのひなにえさをやるオオヨシキリ
（巣の中の大きい鳥がカッコウのひな）

MEMO スズメやカラス、ハト、カルガモのように、一年中生活場所を変えない鳥を留鳥という。また、ヒヨドリやホオジロ、ウグイスなどのように、季節によって山地と平地などの近距離を移動する鳥を漂鳥という。

セキツイ動物 > 鳥類

ハクチョウ

→問題 別冊12ページ⑪

カモ目カモ科
生まれ方：**卵生**　体温：**恒温**
呼吸：**肺**
特ちょう：**渡り鳥**。冬に日本に渡ってきて春に北へ渡る**冬鳥**。空を飛ぶ鳥の中では、最大級の大きさ。

オオハクチョウ

　ハクチョウは**渡り鳥**で、冬に日本にくる**冬鳥**です。北海道や青森、新潟などに飛来して冬をこし、春に北のほうへ帰ります。夏には、シベリアやオホーツク海沿岸で産卵、子育てをします。おすとめすのきずなが深く、そろって子育てをし、一生はなれません。

　ハクチョウのように水辺にすむ鳥を**水鳥**＊といいます。あしに大きな**水かき**をもち、水面にうかんで水をかいて移動します。飛ぶときは、体が重いので、水面を走って助走をつけて飛び立ちます。くちばしはスプーンのように平たくなっていて、水面にういている食べ物をすくいとって食べたり、水中の水草を食べたりします。

カモ

→問題 別冊12ページ⑪

カモ目カモ科
生まれ方：**卵生**　体温：**恒温**
呼吸：**肺**
特ちょう：**渡り鳥**。**冬鳥**。水辺でくらす。おすとめすの羽色がちがうものが多い。

マガモ（左の頭が緑色のほうがおす、右がめす）

　カモは冬に日本全国さまざまな場所に渡ってくる**冬鳥**です＊。**水鳥**で、**水かき**（→75ページ）のあるあしをもちます。水田や沼で食べ物をさがします。おもに水草や草の種子を食べますが、小さな魚や昆虫なども食べます。カモのなかまは、おすとめすのはねの色が大きくちがうものが多く、マガモのめすは茶色っぽく、**おすは派手な羽色**をしています。

MEMO　＊水鳥には、ハクチョウやマガモ、カルガモ、ガンなどがいる。　＊カルガモやオシドリなどのように、日本に1年中いる（留鳥）種類のカモ類もいる。多くのカモのなかまは冬鳥だが、一部留鳥として1年中いる場所もある。

セキツイ動物 ＞ 鳥類

スズメ

> 問題
> 別冊11ページ⑩、12ページ⑪

スズメ目スズメ科
生まれ方：**卵生**　体温：**恒温**
呼吸：**肺**
特ちょう：**留鳥**。人の住む場所の近くにすみ、**イネ科**の植物の種子を食べる。

データ

　最も身近な鳥の一種で、人が住んでいるところの近くに生息している**留鳥**です。山奥などの人が住んでいないところには生息しません。**雑食**で、**イネ科**の植物などの種子を食べますが、ひなを育てる時期には昆虫も食べます。稲作農家にとっては、実ったイネを食べられてしまいますが、イネに害をあたえる昆虫を食べてくれるという面もあります。最近は生息数が減少しているといわれています。

ハト

ハト目ハト科

▲ドバト

　公園や神社などでよく見られる**留鳥**です。基本的には種子などの植物を食べますが、昆虫なども食べます。**帰巣本能***に優れ、伝書バトとして利用されていました。

カラス

> 問題
> 別冊11ページ⑩、12ページ⑪

スズメ目カラス科

▲ハシブトガラス

留鳥です。カラスは**雑食**で、果実や昆虫、小動物、動物の死がい、人が出した残飯など何でも食べます。都心では住宅街などのごみが食べ物となって数がふえ、問題になっています。

MEMO ＊帰巣本能…動物が自分のすみかや巣へ帰ってくる性質。
ハトは、卵からふ化したひなに、ピジョンミルクという親鳥から出されるミルクのようなものをあたえる。

セキツイ動物 > 鳥類

タカ

問題
別冊14ページ⑮

タカ目タカ科
生まれ方：**卵生**　体温：**恒温**
呼吸：**肺**
特ちょう：**猛禽類**。鳥類や小型のほ乳類、ヘビなどを食べる**食物連鎖の頂点**。

データ

オオタカ　準絶滅危惧種

　タカは森林などに生息します。飛ぶ能力が高く、地上や上空で、キジバトなどのほかの鳥類や小型のほ乳類などをとらえて食べます。このように、ほかの動物を食べる肉食の鳥類を猛禽類といいます。猛禽類は食物連鎖の頂点に位置します（→ 74 ページ）。**目がよく**、えものをとらえるための**するどいつめ**やえものをしっかりつかむ**強い足**、えものの肉を引きさくするどい**かぎ状のくちばし**をもつのが特ちょうです（→ 75 ページ）。
　タカは優れた狩りの能力があるため、昔から人が飼いならしてタカを使って小動物をとらえる「鷹狩り」に利用されてきました。

フクロウ

フクロウ目フクロウ科
生まれ方：**卵生**　体温：**恒温**
呼吸：**肺**
特ちょう：**猛禽類**。夜行性。音を立てずに飛ぶことができる。

データ

　フクロウは森や草原に生息し、夜に活動する**夜行性**です。**目は正面についているので**ものを立体的に見ることができ、えものまでの距離を正確につかむことができます。また、暗やみでもよく見えます。ほとんど音を出さずに飛ぶことができ、暗やみの中でえものに気づかれずに近づいて、**するどいつめ**でとらえます。

MEMO　フクロウのなかまで、頭部に羽角という耳のように立っているものがあるものをミミズクという。

セキツイ動物 > 鳥類

猛禽類と食物連鎖

No.
date

イネはバッタに食べられ、バッタはカエルに食べられ、カエルはヘビに食べられ、ヘビはタカに食べられます。このように、生物どうしの「食べる・食べられる」の関係を**食物連鎖**といいます。

また、バッタのように植物を食べる動物を**草食動物**、カエル、ヘビ、タカのようにほかの動物を食べる動物を**肉食動物**といいます。

猛禽類は、ほかの動物に食べられることが少なく、食物連鎖では頂点に位置します。

ふつう、食物連鎖の下にいる生物ほど体は小さく、数が多く、上にいる生物ほど体は大きく、数が少なくなります。ある地域の食物連鎖を生物の数量で表すと、図のようなピラミッドの形になります。

もし何かの原因で、ある種の植物や動物の数が急に少なくなると、この連鎖がうまくつながっていかなくなってしまうことがあります。食物連鎖の頂点に立つ猛禽類などの動物は、もともと数が少ない上に、食べ物が不足してしまうと、絶滅してしまうおそれもあります。猛禽類は、食物連鎖の変化の影響を大きく受けるのです。

▲食物連鎖の数量関係

◎絶滅が心配されている猛禽類

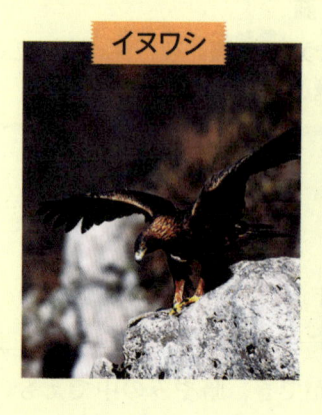

イヌワシ　**クマタカ**

どちらも森林などに生息します。ウサギなどの小型のほ乳類やカモなどの鳥類、ヘビなどのは虫類などを食べます。環境の変化などによって数が減っていて、絶滅の心配があります。

MEMO　ワシもタカと同じタカ目タカ科に属し、大型のものをワシ、中～小型のものをタカと呼んでいるが、厳密に分けられているわけではない。

セキツイ動物 ＞ 鳥類

鳥類のくちばしとあしの形

No.
date

地球上にはさまざまな生活に適応した鳥類がいます。その生活のしかたによって、体のさまざまな部分に特ちょうがあります。ここではくちばしのつくりとあしのようすをまとめます。

◎**くちばしのようす**…食べ物によってくちばしの形がちがいます。

タカ 〔出る〕
肉を引きさく、先たんが曲がったするどいくちばし。

ニワトリ
穀物をついばむ太く短いくちばし。

サギ
水中を泳ぐ魚をとらえる細長いくちばし。

ハチドリ
花のおくにあるみつを吸う、細長いくちばし。

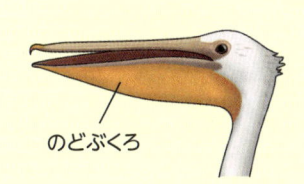

ペリカン
のどぶくろ
水中を泳ぐ魚を一気にとらえる、大きく広がるくちばし。

◎**あしのようす**…生活の場所によってあしの形がちがいます。

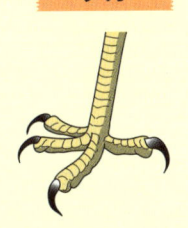

タカ
するどいつめをもち、えものをしっかりつかむことができる。

ツル
沼地などに立ちやすくなっている。木にはとまれない。

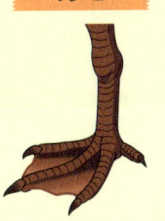

カモ
泳ぐための水かきが発達している。

キツツキ
指が前2本、後ろ2本で、垂直な木の幹にとまりやすくなっている。

75

セキツイ動物 > 鳥類

ペンギン

▶問題
別冊11ページ⑨、13ページ⑬

ペンギン目ペンギン科
生まれ方：卵生　体温：恒温
呼吸：肺
特ちょう：水中を泳ぐことができる鳥。水かきのついたあしをもつ。

コウテイペンギンの親子

　空を飛ぶことはできませんが、**水中を泳ぐ**ことができる鳥です。つばさをひれのように動かし、とても速く泳ぎます。あしには**水かき**がついていて、**肉食**で、魚類やイカなどをつかまえて食べます。
　南極や**南半球**に多く、南アメリカや南アフリカ、オーストラリアやニュージーランドなどに生息しています。1回に1～3個陸上に卵を産み、あしの間にはさんで卵をあたためます。卵がかえったあとも、しばらく**子育て**をします。

ダチョウ

▶問題
別冊13ページ⑬

ダチョウ目ダチョウ科
生まれ方：卵生　体温：恒温
呼吸：肺
特ちょう：最大の鳥類。しっかりしたあしで速く走るが飛ぶことはできない。

　鳥類の中で**最大の鳥**です。体高は2m以上、体重も100kgをこえます。つばさはかなり小さく、空を飛ぶことはできませんが、とても速く走ることができます。そのため、足は太く、**足の指が二本**になっています。1羽のおすと複数のめすで小さな**群れ**をつくり、めすは協力して卵をあたためます。アフリカに生息していますが、食用として日本でもたくさん飼育されています。植物の葉や昆虫などを食べます。

MEMO　ペンギンの最も北の生息地は、ガラパゴス諸島（一部北半球の赤道上）である。
南極大陸にすむコウテイペンギンは、冬（−60℃にもなる）に産卵、子育てをする。

ほ乳類
にゅうるい

▼ セキツイ動物
- 魚類
- 両生類
- は虫類
- 鳥類
- ほ乳類

▶ 無セキツイ動物

コウモリ、ネズミ、ヤマネ、ウサギ、イヌ、キツネ、ライオン、クマ、ウシ、ウマ、コアラ、カンガルー、クジラ、イルカ、サル、カモノハシ、ヒトなど

✓ ここだけ！ 重要ポイント

★ほ乳類の体

◎ **体内受精**をする。

◎ おもに子は母親の**子宮**の中で育ち、親と似た形で生まれてくる**胎生**である。

◎ **肺呼吸**をする。

◎ 気温が変化しても体温を一定に保つ**恒温動物**である。

◎ 心臓は**2心房2心室**。

◎ 体の表面は**毛**でおおわれている。

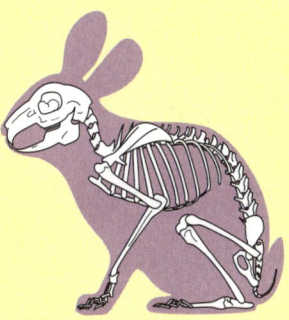

▲ほ乳類の骨格

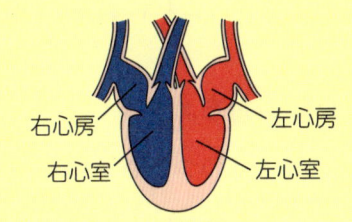

右心房　左心房
右心室　左心室

▲ほ乳類の心臓。動脈血と静脈血が混じらない。

☀まちがいやすいほ乳類

◎ 水中で生活するほ乳類…イルカ、クジラ、シャチなど

◎ 飛ぶほ乳類…コウモリ

◎ 卵を産むほ乳類…カモノハシ

▲シャチはほ乳類

セキツイ動物 ＞ ほ乳類

コウモリ

▶問題
別冊13ページ 13

コウモリ目
生まれ方：胎生　体温：恒温
生活場所：陸上
呼吸：肺
特ちょう：**空中を飛ぶことができるほ乳類**。コウモリのつばさは**手**が変化したもの。羽毛はない。冬眠するものもいる。

★コウモリの育ち

　コウモリは、鳥のように<u>**空中を飛ぶ**</u>ことができる<u>**ほ乳類**</u>です。ほかのほ乳類と同じように<u>**体内受精**</u>をして、母親の<u>**子宮**</u>の中で酸素や養分をもらい、<u>ある程度まで育って親と似た姿で生まれる**胎生**</u>です。生まれた子は、<u>**乳**</u>を飲んで育ちます。

★コウモリの食べ物と生活

　基本的には<u>**夜行性**</u>で、昼間はどうくつなどにひそんでいます。昆虫などを食べる肉食のコウモリは、飛びながら**超音波**＊を出し、えものに当たってはね返った音を聞いて、えものまでの距離や方向を知ることができます。これを<u>**反響定位**</u>（エコーロケーション）といいます。これによって、暗やみでも障害物にぶつからずに飛ぶことができるのです。

★体の特ちょう

　コウモリのつばさは<u>**前あし**</u>が変化したもので、人でいうと<u>**手**</u>にあたります。
　鳥類のつばさのように羽毛はなく、<u>**皮膜**</u>とよばれるうすい膜があります。
　後ろあしで立つことはできませんが、飛ぶとき以外は、後ろあしで岩や木の枝などにぶら下がって生活します。
　体の表面は<u>**毛**</u>でおおわれています。

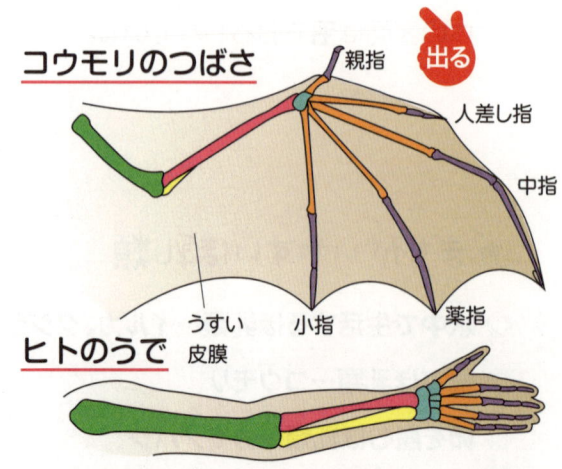

コウモリのつばさ
親指／人差し指／中指／薬指／小指／うすい皮膜　　出る

ヒトのうで

コウモリのつばさとヒトのうでの基本的なつくりは同じ。

MEMO　＊超音波…人の耳では聞くことができない高い音。
コウモリは、ほ乳類なので恒温動物だが、気温が下がると冬眠する種類もいる。

セキツイ動物 ＞ ほ乳類

ネズミ

▶問題
別冊13ページ⑫

ネズミ目ネズミ科
生まれ方：**胎生**　体温：**恒温**
呼吸：**肺**
特ちょう：子どもを産んでふえる速さが速い。夜行性。

　ネズミは、子どもを産んでふえる速さがとても速いほ乳類です。ハツカネズミは一度に6～8匹子どもを産みます。子どもの成長も早く、3～4週間で子どもを産めるようになります。**夜行性**で、種子や野菜などを食べるほか、昆虫なども食べます。ネズミの**門歯**は一生のび続けるため、かたい物をかじって、前歯をすり減らす（けずる）ようにします。

ヤマネ

ネズミ目ヤマネ科
生まれ方：**胎生**　体温：**恒温**
呼吸：**肺**
特ちょう：**冬眠するほ乳類**。0℃近くまで体温を下げて冬眠する。

ヤマネ　準絶滅危惧種

　ヤマネは体長6～8cmほどの小型のほ乳類です。**恒温動物**ですが、外気温が12～14℃くらいになると、落ち葉の下やくさった木の皮のすきまなどで**冬眠**＊します。活動中は約35℃の体温を保っていますが、冬眠中は体温が0℃近くにまで下がります。体重は20gほどですが、冬眠前には、果実や昆虫などを食べて体重を40gくらいにまでふやすこともあります。

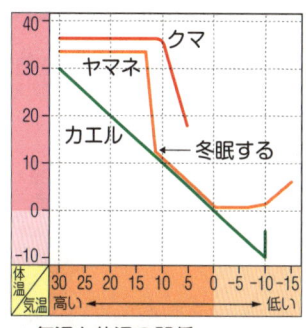

▲気温と体温の関係
出典：「ヤマネ すばらしき動物」
みなと秋作 著（いちい書房）

MEMO　＊体温を下げて、使うエネルギーをできるだけ少なくし、食べ物が多くなる春までねむる。シマリスもヤマネと同じように体温を下げて冬眠する。

セキツイ動物 ＞ ほ乳類

ウサギ

出る率 19位

▶問題 別冊13ページ⑬

ウサギ目ウサギ科
生まれ方：胎生　体温：恒温
呼吸：肺
特ちょう：草食。長い消化管をもつ。
長い耳をもつ。
●あしあと⇨92ページ

夏毛のウサギ 
冬毛のウサギ

　草原や森林などにすみ、草や木の皮などを食べる**草食動物**です。雪が多い地域にすむウサギの中には、**冬**になると毛の色が**白く**なるものもいます。ウサギは**冬眠しません**。

★体の特ちょう

　ウサギは、耳が長いのが特ちょうです。この大きな耳は、音を集めて小さい音を聞きとるのに役立っています。さらに、毛細血管がはりめぐらされた耳の表面から熱をにがして**体温を調節する**役割もあります。気温の高い地域にすむウサギには、大きく発達した耳をもつものがいます。
　後ろあしは、前あしよりも長くて大きく、ジャンプするように走ります。
消化管が長く、**もう腸**が発達しています。

★草食動物と肉食動物の消化管の長さ　出る

　ウサギのような草食動物の消化管は、肉食動物の消化管に比べて長くなっています。

ウサギ（草食動物）　胃　腸　もう腸
イヌ（肉食動物）　胃　腸

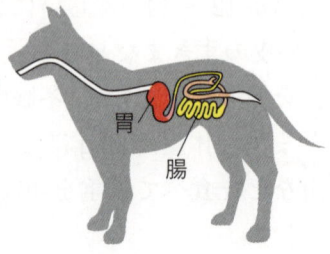

MEMO ウサギの天敵は、イタチやキツネのほか、タカ、フクロウなどの猛禽類などがいる。

セキツイ動物 ＞ ほ乳類

イヌ

ネコ目イヌ科
生まれ方：胎生　体温：恒温
呼吸：肺

特ちょう：肉食。**におい**をかぎ分ける能力が優れている。古くから人とともに生活している。

イヌ（シバイヌ）

基本的には**肉食**ですが、植物も食べます。**においをかぎ分ける能力**が優れています。イヌは舌を出して息をすることで、体温調節をします。イヌ科の動物*は、かかとを上げた状態で歩きます（→85ページ）。

キツネ

フェネックギツネ

ネコ目イヌ科
生まれ方：胎生　体温：恒温
呼吸：肺

特ちょう：ウサギなどを食べる**肉食**。あたたかい地域のキツネと寒い地域のキツネとで、**耳の大きさがちがう。**
●あしあと⇒92ページ

ホッキョクギツネ

森林や草原などにすみ、ネズミやウサギなどを食べる**肉食動物**です。**夜行性**です。**フェネックギツネ**のようにあたたかい地域にすむものは**耳が大きく**、**ホッキョクギツネ**のように寒い地域にすむものは**耳が小さく**なっています。耳が大きいと**体表の面積が大きくなる**ので、体の熱をにがすのに都合がよく、逆に耳が小さいと、体の熱をにがしにくくなります。耳の形が、それぞれの**生活環境に適したものになっている**のです。

MEMO *イヌ科の動物…イヌ科の動物には、ほかにタヌキ、オオカミなどがいる。また、おもにネコ目の動物（ネコ、イヌ、クマなど）のあしのうらには、肉球というもり上がった毛のない部分があり、クッションの役目をしている。

セキツイ動物 ＞ ほ乳類

ライオン

→問題
別冊14ページ[15]

ネコ目ネコ科 データ

生まれ方：胎生　体温：恒温
呼吸：肺

特ちょう：ほかの動物をとらえて食べる**肉食**。**食物連鎖の頂点**。目が**前面**につき、えものとのきょりがわかりやすくなっている。**犬歯**が発達している。

ライオン（左がめす、右がおす）
絶滅危惧種

　ライオンは、アフリカやインドの草原などにすみ、めすと子ども、少数のおすからなる**群れ**をつくります。**肉食**で**夜行性**なので、夜になると群れで協力して狩りを行い、シマウマやインパラなどをとらえます。えものをしとめるための**するどい歯**や**つめ**があり、おとなのおすにはたてがみがあります。

★肉食動物の目のつき方　出る

　ライオンなどの**肉食動物**の目は、顔の**前面**についています。両目で見えるはん囲が広く、ものが**立体的**に見え、えものまでの**きょり**が正確にわかります。一方シマウマなどの**草食動物**の目は、顔の**側面**についています。これにより、広いはん囲が見えるので、すばやく敵を見つけてにげることができます。

ライオン　シマウマ
見えるはん囲
立体的に見えるはん囲

★肉食動物の歯　出る

　肉食動物の歯は、**犬歯**が大きく発達してするどく、えものをしとめるのに適しています。また**臼歯**は、肉を引きさくのに適した形になっています。
　草食動物の歯は、草をかみ切るのに適した**門歯**と草をすりつぶすのに適した平らな**臼歯**が発達しています。

ライオン
犬歯　臼歯

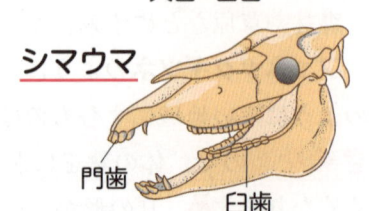

シマウマ
門歯　臼歯

MEMO　ライオンの目のつき方や歯の特ちょうは、ネコ科の動物に共通の性質である。ネコ科の動物には、トラ、ヒョウ、ジャガー、チーター、ヤマネコ、ピューマ、ネコなどがいる。

セキツイ動物 > ほ乳類

クマ

ネコ目クマ科
生まれ方：胎生　体温：恒温
呼吸：肺
特ちょう：温帯や亜寒帯にすむクマは、冬は**冬眠**する。めすは冬眠中に出産する。**雑食**。**食物連鎖の頂点**。寒い地方のクマはあたたかい地方のクマに比べて体が大きい。

ツキノワグマ

　おとなのツキノワグマは体長が1m以上、体重は100kgをこえ、本州の陸上にいるほ乳類の中では最大の動物です。胸に白い模様があります。においをかぐ能力はイヌ並みに優れています。雑食で、木の芽、昆虫、木の実、ほかの動物の死がいや魚も食べます。

　ツキノワグマは冬眠するほ乳類*です。秋に、冬眠に備えてドングリや果物をたくさん食べ、12月から4月ころまで、岩穴や木の根元の穴などにこもります。体温を通常より数℃程度下げ、呼吸や心臓の拍動を少なくして活動のエネルギーをできるだけおさえ、ねむります。また、出産は冬眠中に行われます。

★気候のちがいと動物の大きさ　出る

　東南アジアに生息するいちばん小型の**マレーグマ**と、北極海沿岸に生息する**ホッキョクグマ**では体の大きさがまったくちがいます。

　気温の高い地域にすむマレーグマは、体重に比べて**体表の面積が大きい**ため、効率的に熱を体の外に出すことができます。逆に、寒い地域にすむホッキョクグマは、体重に比べて**体表の面積が小さい**ため、体の熱がにげるのを防ぐことができます。このように、寒い地域の動物は、あたたかい地域の動物に比べて体が大きいことが多いのです。

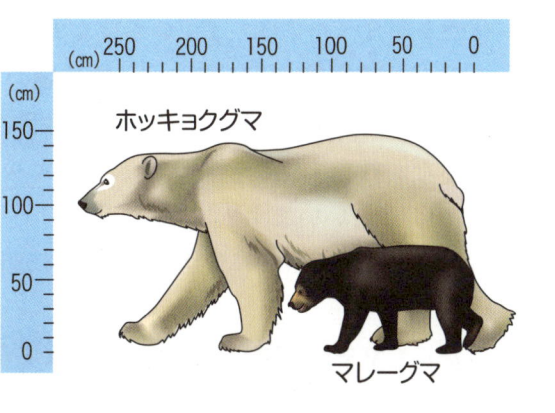

MEMO *冬眠をするほかの動物は、外気温近くまで体温を下げて冬眠をするが、クマは3〜5℃程度しか体温を下げない。「冬眠」ではなく「冬ごもり」であるとすることもある。なお、ホッキョクグマは年中食べ物があるため、冬眠しない。

セキツイ動物 ＞ ほ乳類

ウシ

→問題 別冊13ページ⑬

ウシ目ウシ科
生まれ方：胎生　体温：恒温
呼吸：肺
特ちょう：草などを食べる草食。4つの胃をもち、反すうをする。消化管が長い。

ウシ（ホルスタイン）

　ウシは、おもに草などを食べる**草食動物**です。ウシの歯は、草をすりつぶすための**臼歯**が発達し、平らになっています*（→ 82ページ）。草食動物のため、**消化管**が長くなっています（→ 80ページ）。**目は側面**についています。家ちくとして飼われ、食用の牛肉や牛乳、革製品などに利用されているものもあります。

★ウシの胃　出る

　ウシは、**4つに分かれた胃**をもっています。ウシが食べる草には、消化されにくい植物の繊維質があり、これを4つの胃で消化します。

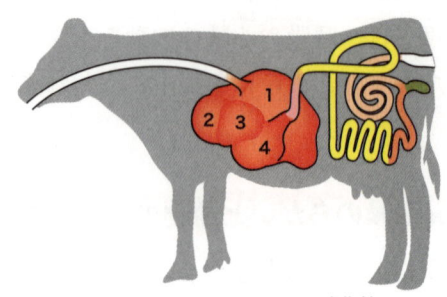

▲ウシの消化管

◎食べた草の消化のしかた

①ウシが食べた草は、まずいちばん大きい1番目の胃に入ります。1番目の胃にはたくさんの**微生物**がすんでいて、**微生物**のはたらきで植物の**繊維質を分解**しています。

②分解された草はポンプのような2番目の胃から、ウシの口にもどされ、再び口でかみくだかれます。このように、一度飲みこんだ食べ物を再び口にもどしてかむことを**反すう**といいます　出る。

③3番目の胃でさらに分解され、胃液が出る4番目の胃に送られて、消化されます。

ほかにも**ヤギ**や**ヒツジ**、**シカ**などが反すうをします。

MEMO　*ウシの上あごには門歯や犬歯がなく、板のようにかたくなっていて、草を食べるときは、長い舌で草を巻きとる。

セキツイ動物 > ほ乳類

ウマ

ウマ目ウマ科
生まれ方：胎生　体温：恒温
呼吸：肺
特ちょう：草食。目が横についていて、広いはん囲が見わたせる。消化管が長い。あしの先に**ひづめ**がある。

ウマ（木曽馬）

　草原にすみ、草を食べる**草食動物**です。目は**横**についていて、草をかみ切る**門歯**と草をすりつぶす**臼歯**が発達していて（→82ページ）、**消化管**が長くなっています（→80ページ）。あしの先には**ひづめ**があります。昔から家ちくとして利用されてきました。

★ほ乳類のあしと歩き方

ヒト、サル 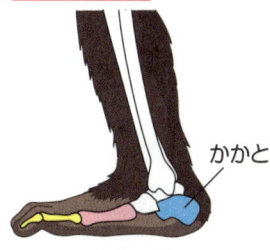
サルの後ろ足
かかと
▲かかとをつけて歩く。
→**安定している。**

イヌ、ネコ、ライオン 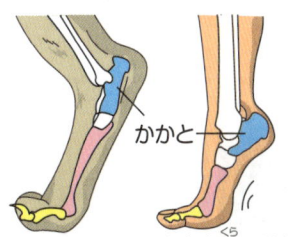
ネコの後ろ足
かかと
ヒトと比べると
▲かかとを上げて歩く。
→**音を立てずに速く歩ける。**

ウマ、ウシ 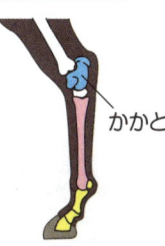 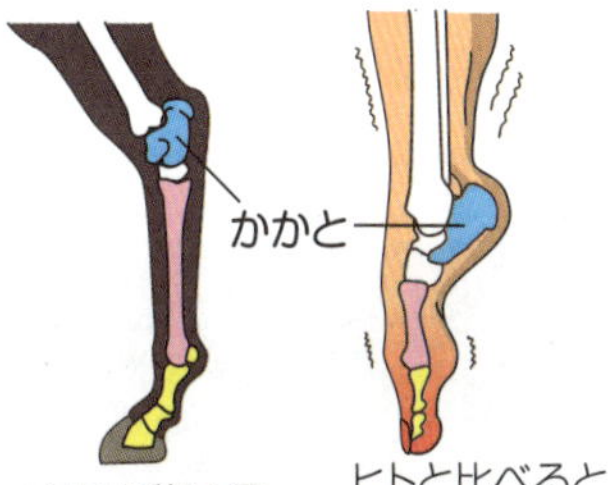
ウマの後ろ足
かかと
ヒトと比べると
▲指の先だけで歩く。
→**速く長い距離を走れる。**

◎ウシとウマのあしの指の数

　ウシは、あしの中指と薬指が発達し、指の数が**2本**になっています。ウマは、中指が発達し、指の数が**1本**になっています。（あしあと→92ページ）

ウシのあしあと　　**ウマのあしあと**

📝 **MEMO**　＊ウシのようにあしの指の数が偶数のものを偶蹄類、ウマのようにあしの指の数が奇数のものを奇蹄類という。偶蹄類…ウシ、イノシシ、カバ、ラクダ、キリン、ヤギ、シカなど。　奇蹄類…ウマ、バク、サイ。

セキツイ動物 ＞ ほ乳類

コアラ

カンガルー目コアラ科
生まれ方：胎生　体温：恒温
呼吸：肺
特ちょう：有袋類。小さな子どもを産み、おなかのふくろで育てる。おとなのコアラはユーカリの葉を食べる。

　コアラは、オーストラリアの東部に生息する**有袋類**という**ほ乳類**です。有袋類は、**胎ばん**＊をもちません。2cm、0.5gほどのものすごく小さな子どもを産み、子宮の代わりにめすのおなかにある**育児のう**というふくろで、大きくなるまで育てます。育児のうの中に乳首があり、子どもはそこから栄養分をとります。36週目くらいになると完全に育児のうから出てすごすようになります。

　おとなのコアラは**ユーカリの葉**しか食べません。ユーカリには毒がありますが、コアラのもう腸はとても長く、そこに細菌がいて、消化できるようになっています。

カンガルー

カンガルー目カンガルー科
生まれ方：胎生　体温：恒温
呼吸：肺
特ちょう：有袋類。小さな子どもを産み、おなかのふくろで育てる。

オオカンガルー

　おもにオーストラリアにすむ**有袋類**のなかまです。25cmくらいのワラビーから160cmくらいのものまでいます。**後ろあし**が発達していて、ジャンプしながら移動します。太い尾はバランスをとるのに使います。コアラと同じように、1gにも満たない子どもを産み、**育児のう**で育てます。

MEMO　＊胎ばん…母親の体にできる、母親と子どもの間で物質を交かんするところ。子ども（胎児）は、胎ばんを通して母親から酸素や栄養分を受けとり、二酸化炭素や不要物を母親にわたす。

セキツイ動物 > ほ乳類

クジラ・イルカ

クジラ目
生まれ方：**胎生**　体温：**恒温**
呼吸：**肺**
特ちょう：**水中生活をするほ乳類**。頭の上にある鼻孔から空気を出し入れし、**肺呼吸**をする。水中で出産し、乳で育てる。

ザトウクジラ（ヒゲクジラのなかま）

　クジラやイルカは、水中で生活するほ乳類です。肺呼吸なので、たびたび水面に上がって、頭の上にある**鼻孔**で呼吸をします。水中で出産し、子育てをします。
　クジラの種類は**ハクジラ**と**ヒゲクジラ**に大きく分けられます。**イルカ**は、ハクジラのなかまのうち小型のもののことです。
◎**ハクジラのなかま**…かたい歯をもっていて、**魚**や**イカ**などのえものをとらえて食べます。
◎**ヒゲクジラのなかま**…ヒゲクジラは、水といっしょに大量に吸いとった**アミ**のなかまを一度口の中に吸いこみ、口のふちにあるひげでこしとって食べます。

★クジラの前あし

　クジラの前あしはヒトの**うで**にあたります。基本的なつくりは同じですが、クジラの前あしは**ひれ**になっていて、泳ぐのに都合がよい形になっています。

クジラ　ヒト
同じ色が同じ骨であることを示す。

◎ 水中で生活するそのほかのほ乳類

　水中で生活するほ乳類には、ほかにもシャチやジュゴンなどがいます。アザラシやアシカ、トド、オットセイなども、あしがひれになっていて、水中を泳ぐことができます。これらもみなほ乳類のなかまなので、肺呼吸をし、子どもを産んで乳で子育てをします。

シャチ

MEMO　イルカなどはコウモリ（→78ページ）と同じように、反響定位を行うことが知られている。
シロナガスクジラは地球上で最大の生物で、体長は30mもある。

セキツイ動物 ＞ ほ乳類

サル

サル目
生まれ方：胎生　体温：恒温
呼吸：肺
特ちょう：手あしが器用で、道具を使うものもいる。

ニホンザル

　サルのなかまのニホンザルやチンパンジーは、5本の指をもち、**前あしでも後ろあしでも**、物がしっかりつかめます。目は顔の**正面**についていて、物との距離がわかります。このようにチンパンジーなどの体は、木の枝から枝へ渡り歩く生活に適応した特ちょうをもっています。知能が高く、**道具を使う**ものもいます。

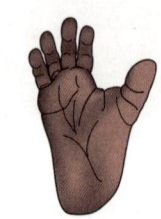

チンパンジーの後ろあし

カモノハシ

→問題
別冊13ページ ⑬

カモノハシ目カモノハシ科
生まれ方：卵生　体温：恒温
呼吸：肺
特ちょう：卵を産むほ乳類。子は乳で育てる。水辺に巣をつくってすむ。

©OPO

　カモノハシはほ乳類としては唯一**卵を産み**、親が卵をあたためてふ化させる動物です。子どもは母親の乳腺というところからしみ出してくる母乳をなめて育ちます。平たい**くちばし**があり、あしには**水かき**がついていて、水中にもぐってザリガニやエビなどをつかまえて食べます。水辺に穴をほって巣をつくり、巣の部屋にはかれ草や木の葉などをしきます。ここで、ふつう1回に2個の卵を産んで育てます。

MEMO ゴリラは、植物の実や葉などを食べるが、チンパンジーは、狩りをしてほかの動物の肉を食べることもある。

セキツイ動物 ＞ ほ乳類

ヒト

> 問題
> 別冊14ページ⑮

歩く練習をする赤ちゃん

サル目ヒト科

データ

生まれ方：胎生　体温：恒温
呼吸：肺
特ちょう：ほ乳類では、ヒトのみが常に**直立**で**二足歩行**を行う。**脳が発達**しているため、**頭部が大きい**。

　ヒトはほかの動物とはちがい、<u>**直立の姿勢**</u>をとり、<u>**二足歩行を行う**</u>ことができます。また、脳が発達していて頭部も大きくなっています。そのため、ほかのサル目とちがい、大きな**骨ばん**と**かかとの骨**が発達し、背骨がS字形に曲がっていて、上半身を支えています。体表面の**毛はうすく**、ほとんどの皮ふが表に出ています。
　妊娠期間は**約38週**で、**身長約50cm**、**体重約3000g**の赤ちゃんが生まれて、母乳で育てられます。

★ヒトとチンパンジーの体のちがい

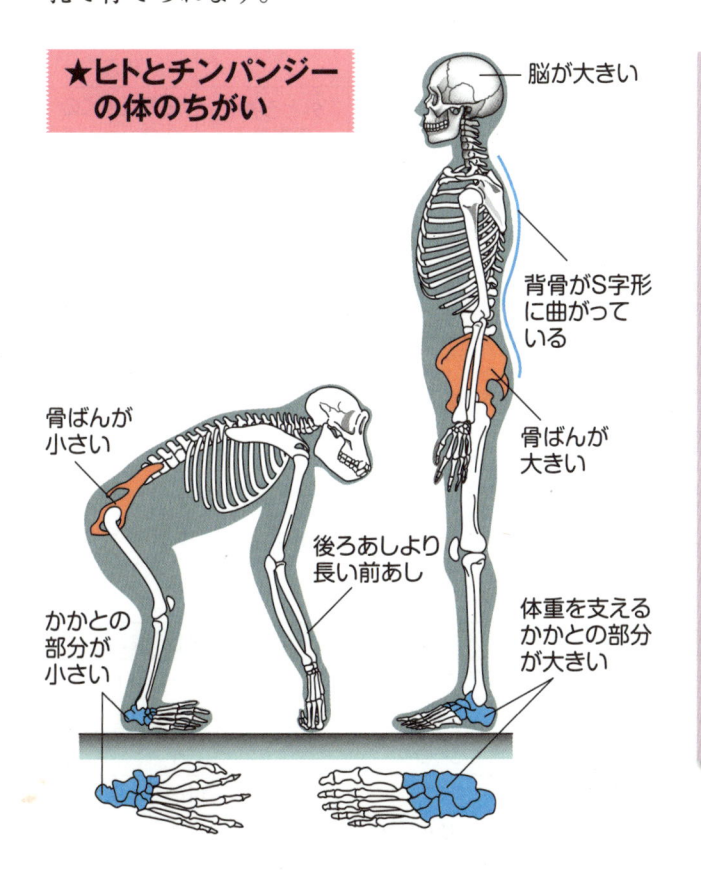

- 脳が大きい
- 背骨がS字形に曲がっている
- 骨ばんが大きい
- 体重を支えるかかとの部分が大きい
- 骨ばんが小さい
- 後ろあしより長い前あし
- かかとの部分が小さい

ヒトとチンパンジーの手

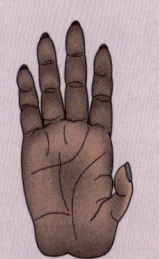

ヒトの手　　チンパンジーの前あし

　チンパンジーの指では、人差し指と親指で輪をつくる（OKサインのような形をつくる）ことができないので、ものを「つまむ」動作ができません。しかし、ヒトの手の親指は、ほかの指の先と合わせることができるため、ものをつまむことができます。これによって、ヒトはチンパンジーよりも細かい作業ができるようになっています。

動物の重要点のまとめ

1 動物の分類

(1) **セキツイ動物** … **背骨**を中心とする骨格が体内にある動物

	魚類	両生類	は虫類	鳥類	ほ乳類
生まれ方	からのない卵（卵生）	からのない卵（卵生）	からのある卵（卵生）	からのある卵（卵生）	子（胎生）
産卵場所	水中	水中	陸上	陸上	—
呼吸器	えら	子…えら 親…肺と皮ふ	肺	肺	肺
体表	うろこ	粘膜	うろこ（こうら）	羽毛	体毛
体温	変温	変温	変温	恒温	恒温
受精方法	体外受精	体外受精	体内受精	体内受精	体内受精
動物例	メダカ, フナ, サメ, タツノオトシゴ	カエル, イモリ, サンショウウオ	ヘビ, トカゲ, ヤモリ, カメ	ハト, ニワトリ, ペンギン	ヒト, イヌ, コウモリ, クジラ

(2) **無セキツイ動物** … **背骨がない**動物

	節足動物（体がかたいからに包まれ, 体節からなる）				軟体動物	環形動物
	昆虫類	甲殻類	クモ類	多足類	—	—
呼吸器	気管	えら	気管と書肺*1	気管	えら	えらまたは皮ふ
体	頭, 胸, 腹	頭胸, 腹*2	頭胸, 腹	頭, 胴	外とう膜に包まれる	細長く多くの体節からなる
目のつくり	単眼・複眼	単眼・複眼	単眼	単眼	カメラ眼またはなし	なし
あし	6本	10本など	8本	多数	膜状のあし	なし
動物例	チョウ, トンボ, カブトムシ	カニ, ダンゴムシ	ジョロウグモ, サソリ	ムカデ, ヤスデ	イカ, タコ, アサリ	ミミズ, ゴカイ

*1) 書肺…クモ類がもつ特別な呼吸器官。腹部にある。
*2) 甲殻類の体は, 頭と胸がくっついている（頭胸部）場合が多いが, 頭, 胸, 腹に分かれているものもいる。
※ 幼虫（幼生）のときは, あしの数や呼吸のしかたが成虫（成体）とはちがっている場合がある。

(3) **産卵（子）数**…ふつう, 親が子の世話をする鳥類やほ乳類の産卵（子）数は少なく, 子の世話をしないほかの動物は多くなっています。魚のなかまでも, 親が子の保護をするものは産卵数が少なくなる傾向にあります。

動物名	産卵（子）数
キンギョ（フナ）	3000〜1万4000
マンボウ	3億
サケ	300〜3000
コイ	3万6000〜700万
タツノオトシゴ	150〜200

動物名	産卵（子）数
アマガエル	500〜1500
カラス	4〜6
ウシ, ウマ	1
イヌ	7（1〜12）
サル	1

*出典：平成23年版 理科年表、国立環境研究所侵入生物データベース

(4) **セキツイ動物の骨格**
- ◎**魚　類**…背骨が頭部のつけねから尾のつけねまで続いている。体を左右にくねらせやすい。
- ◎**両生類**…ろっ骨が発達していない。
- ◎**は虫類**…ろっ骨が発達している。尾にも骨がある。
- ◎**鳥　類**…骨の中が空どうになっているため軽くなっている。つばさを動かすための胸骨(胸の骨)が発達している。
- ◎**ほ乳類**…背骨のまわりにいろいろな骨があり、とくにろっ骨が発達している。ヒトの場合はとくに、かかとの骨と骨ばんが発達している。

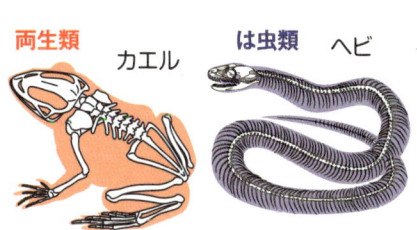

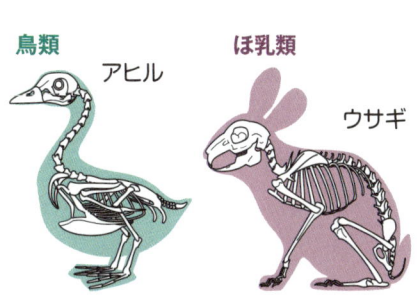

(5) **セキツイ動物の呼吸器のつくり**
肺は、魚類の**うきぶくろ**が発達してできたと考えられています。**両生類→は虫類→鳥類→ほ乳類**と、**しだいに複雑なつくり**になっています。

生活場所	水中	陸上		
種類	魚類	両生類	は虫類,鳥類,ほ乳類	
呼吸器のつくり	えら呼吸（魚類）	肺呼吸（両生類）	肺呼吸（は虫類）	肺呼吸（ほ乳類）

(6) **セキツイ動物の心臓のつくり**
- ◎**心房**…心臓へもどってくる血液が入る部屋。
- ◎**心室**…心臓から血液が出ていく部屋。
- ◎**動脈血**…酸素を多くふくむ血液。
- ◎**静脈血**…二酸化炭素を多くふくむ血液。

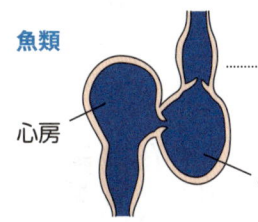

魚類【1心房1心室】全身からもどった血液が流れている。

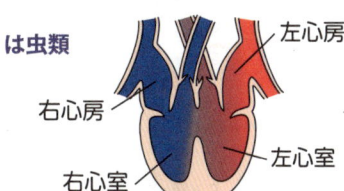

は虫類【2心房2心室】(不完全) 動脈血と静脈血が混じりやすい。

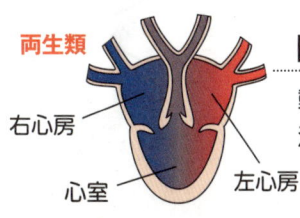

両生類【2心房1心室】動脈血と静脈血が混じる。

鳥類・ほ乳類【2心房2心室】動脈血と静脈血が混じらない。

2 生物のつながり

(1) 生態ピラミッド

生物の「食べる・食べられる」の関係によるつながりを**食物連鎖**といいます。食物連鎖では、食べられる生物の数のほうが食べる生物の数よりも多いのがふつうです。このようすを右の図のように表したものを**生態(生物)ピラミッド**といいます。

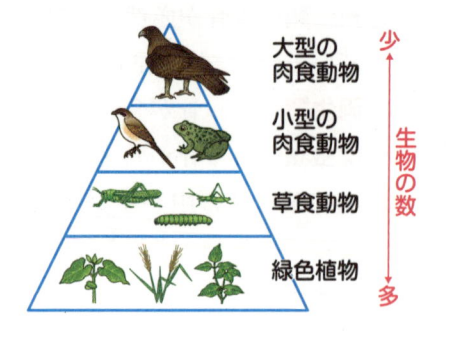

大型の肉食動物
小型の肉食動物
草食動物
緑色植物

少 ← 生物の数 → 多

(2) 食物連鎖における個体数の変化

食物連鎖で生物の数がつり合っていて、図の①のような生態ピラミッドが成り立っているとします。

② 何らかの原因で、Bの生物が増えたとします。

③ Bを食べるCは、食べ物が増えるので一時的に増えます。Bに食べられるAは、食べられる数が増えるので、減っていきます。

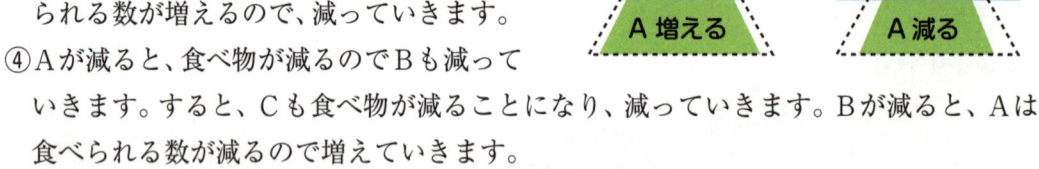

④ Aが減ると、食べ物が減るのでBも減っていきます。すると、Cも食べ物が減ることになり、減っていきます。Bが減ると、Aは食べられる数が減るので増えていきます。

このようにして、食物連鎖でつながった生物の数は**ほぼつり合った状態**が続きます。

3 動物のあしあと

動物のあしあとは、あしの形と歩き方によってそれぞれ特ちょうがあります。

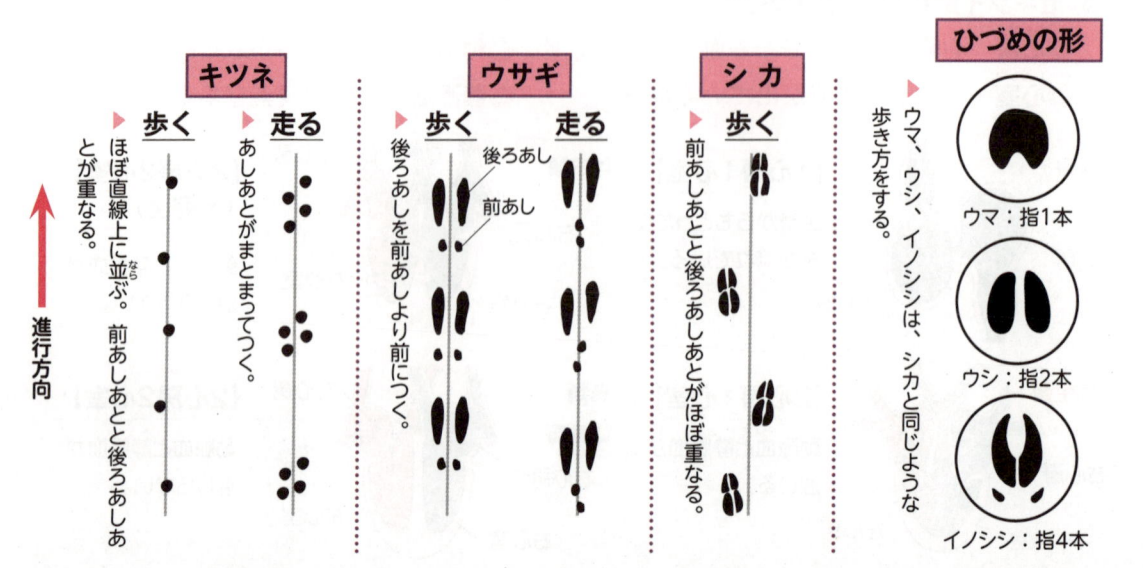

キツネ
- 歩く: ほぼ直線上に並ぶ。前あしあとと後ろあしとが重なる。
- 走る: あしあとがまとまってつく。

ウサギ
- 歩く: 後ろあしを前あしより前につく。
- 走る

シカ
- 歩く: 前あしあとと後ろあしあとがほぼ重なる。

ひづめの形
ウマ、ウシ、イノシシは、シカと同じような歩き方をする。
- ウマ：指1本
- ウシ：指2本
- イノシシ：指4本

4 昆虫の育ち方と生活

(1) 完全変態と不完全変態

完全変態(さなぎの時期がある)	チョウ, ガ, ハチ, アリ, ハエ, カ, アブ, カブトムシ, コガネムシ, テントウムシ, ホタル など
不完全変態(さなぎの時期がない)	バッタ, トンボ, セミ, カマキリ, コオロギ, ゴキブリ, タガメ など
無変態(変態しない)	シミ

(2) 冬ごしの姿

姿	場所	昆虫
卵	木の枝・幹	カマキリ, オビカレハ
	土の中	バッタ, コオロギ, キリギリス
	水の中	アキアカネ
幼虫	木の枝・幹(内部)	カミキリムシ, ミノガ*1
	くち木の中	クワガタムシ*2
	土の中	セミ*3, カブトムシ, コガネムシ
	水の中	シオカラトンボ, オニヤンマ, ギンヤンマ
さなぎ	木の枝・幹	モンシロチョウ, アゲハ
	土の中	スズメガ
成虫	巣の中	ミツバチ
	落ち葉や石の下	テントウムシ, ハサミムシ
	土(巣)の中	アリ
	水の中	ゲンゴロウ, ミズスマシ

*1) ミノガの幼虫は木の枝や葉で部屋(みの)をつくり、その中で冬をこす。

*2) クワガタムシは成虫でも冬をこすものもいる。

*3) セミの多くは1年目は卵、その後は幼虫で、土の中で冬をこす。

5 標識再捕法(標識再捕獲法)

雑木林にすむセミの数などのように、ある地域にすむ動物の数を知りたい場合、次のような方法でその動物の数を推定することがあります。このような方法を「標識再捕法」といいます。

① その地域にすむ動物を一定数(□)つかまえて、それぞれに印をつけて放す。

② しばらくして、再びその動物をつかまえて(○)、そのうち印がついているものの数(△)を数える。

③ ①、②より、次の関係が成り立つ。

(地域全体の動物の数):□=○:△

これより、(地域全体の動物の数)=□×○÷△

〈標識再捕法を用いることができる条件〉

◎動物は、かたよりなく(無作為に)つかまえなければならない。

◎動物をつかまえることにより、その地域におけるその動物の生活や行動が変化しないこと。

◎その動物は、その地域でかたよらず、じゅうぶんに広がって生活していること。

◎1回目と2回目の間に、新しく生まれたり死んだり、その地域の外に出たりしないこと。

さくいん

ア

アオウミガメ …………… 66
アオダイショウ …………… 65
アオミドロ …………… 45
アオムシコマユバチ …………… 28
アオリイカ …………… 41
アカハライモリ …………… 62
アキアカネ …………… **20**,93
アゲハ …………… **8**,93
アザラシ …………… 87
アサリ …………… **42**
アジ …………… **56**,58
アシカ …………… 87
アヒル …………… 90
アブ …………… 22
アブラゼミ …………… 10
アブラムシ …………… 14,23,**24**
アホロートル …………… 62
アマガエル …………… 61,90
アミ …………… 87
アミカ …………… 40
アメーバ …………… 33,**45**
アメリカザリガニ …………… **38**,40
アユ …………… 53
アライグマ …………… 54
アリ …………… 14,**24**,93
アリマキ …………… 24
イエダニ …………… 31
イエバエ …………… **22**
イカ …………… **41**,55,76,87
イシガニ …………… 36
イシガメ …………… 66
イシマキガイ …………… 40
イソガニ …………… 36
イソギンチャク …………… 43,**44**
イソコツブムシ …………… 40
イタチ …………… 80
イナゴ …………… 16
イヌ …………… 80,**81**,85,90
イヌワシ …………… 74
イノシシ …………… 85,92
イモリ …………… **62**,63
イラガ …………… 9
イルカ …………… 58,**87**

イワガニ …………… 36
イワナ …………… 53
ウグイス …………… 70
ウサギ …………… 74,**80**,81,90,92
ウシ …………… **84**,85,90,92
ウシガエル …………… 61
ウズムシ …………… 40
ウチダザリガニ …………… 38
ウナギ …………… 53
ウニ …………… **43**,46
ウマ …………… **85**,90,92
ウミガメ …………… 66
エイ …………… 58
エビ …………… 32,**37**,52,88
エラミミズ …………… 40
エンマコオロギ …………… **17**
オオカマキリ …………… **18**
オオカミ …………… 81
オオカンガルー …………… 86
オオクワガタ …………… 26
オオサンショウウオ …………… **62**
オオシマトビケラ …………… 40
オオタカ …………… 73
オオハクチョウ …………… 71
オオミノガ …………… 9
オオムラサキ …………… 7
オオヨシキリ …………… 70
オオワシ …………… 70
オカダンゴムシ …………… 32
オグロメジロザメ …………… 58
オシドリ …………… 71
おたまじゃくし …………… 19,**60**
オットセイ …………… 87
オツネントンボ …………… 20
オニイトマキエイ …………… 58
オニヒトデ …………… 46
オニボウフラ …………… 21
オニヤンマ …………… 20,93
オビカレハ …………… 93

カ

カ …………… 21,22,93
カイコガ …………… **9**
カエル …………… **60**,61,62,65,74,90
ガガンボ …………… 22
カクレクマノミ …………… 44
カタツムリ …………… 42
カダヤシ …………… 48,54
カツオ …………… **55**
カッコウ …………… 70

カナヘビ …………… **63**
カニ …………… 32,**36**,37
カバ …………… 85
カブトムシ …………… **25**,26,28,93
カマキリ …………… **18**,93
カミキリムシ …………… 93
カミツキガメ …………… 66
カメ …………… **66**
カメノコテントウ …………… 24
カモ …………… **71**,74,75
カモノハシ …………… **88**
カラス …………… 70,**72**,90
カルガモ …………… 71,70
カレイ …………… **56**
カワゲラ …………… 40
カワニナ …………… 27,40,**42**
ガン …………… 70,71
ガンガゼ …………… 43
カンガルー …………… **86**
キアゲハ …………… 7
キジバト …………… 73
キツツキ …………… 75
キツネ …………… 80,**81**,92
キハダ …………… 57
キリギリス …………… 16,17,93
キリン …………… 85
キンギョ …………… 51,90
ギンヤンマ …………… 93
クジラ …………… 58,**87**,89
クマ …………… 81,**83**
クマゼミ …………… 11
クマタカ …………… 74
クマノミ …………… 44
クモ …………… **30**,31
クラゲ …………… **43**
クルマエビ …………… 37
クルミハムシ …………… 23
クロマグロ …………… 55
クロメダカ …………… 48
クロヤマアリ …………… 14
クワガタムシ …………… **26**,93
クンショウモ …………… 45
ケイソウ …………… 45
ケガニ …………… 36
ゲンゴロウ …………… 93
ゲンジボタル …………… 27,40,42
コアラ …………… **86**
コイ …………… **51**,57,90
コウテイペンギン …………… 76
コウモリ …………… **78**,87

コオニヤンマ …………… 40	ゾウリムシ …………… 45	ニホンザリガニ …………… 38
コオロギ ………… **17**,28,93	**タ**	ニホンザル …………… 88
ゴカイ …………………… 34		ニホントカゲ …………… 63
コガタアカイエカ ………… 21	タイコウチ …………… 40	ニホンドロソコエビ ……… 40
コガタシマトビケラ ……… 40	タカ ………… **73**,74,75,80	ニホンヤモリ …………… 63
コガネムシ …………… **26**,93	タカアシガニ …………… 36	ニワトリ ………… 57,**68**,75
ゴキブリ ……………… 14,93	タガメ ………………… 93	ネコ ………………… 81,82,85
ゴリラ …………………… 88	タコ …………………… **41**	ネズミ ………………… **79**,81
サ	ダチョウ ……………… **76**	ノミ ……………………… 22
	タツノオトシゴ ………… 58,90	
サイ ……………………… 85	ダニ ……………………… 31	**ハ**
サカマキガイ …………… 40	タニシ ……………… 27,40,42	ハエ ………………… 22,93
サギ ……………………… 75	タヌキ ………………… 54,81	バク ……………………… 85
サケ ………… **52**,**53**,57,58,90	タマヤスデ ……………… 32	ハクジラ ………………… 87
サザエ …………………… 42	タラ ……………………… 57	ハクチョウ …………… 70,**71**
サシバ …………………… 70	タラバガニ ……………… 36,39	ハサミムシ ……………… 93
サソリ …………………… 31	ダンゴムシ …………… **32**,**33**	ハシブトガラス …………… 72
ザトウクジラ ………… 58,**87**	チドリ …………………… 70	ハチ ………………… **12**,**13**,93
サメ ……………………… 58	チョウ …………………… 93	ハチドリ ………………… 75
ザリガニ …………… 37,**38**,88	チョウバエ ……………… 40	ハツカネズミ ……………… 79
サル ……………… 85,**88**,90	チョウザメ ……………… 57	バッタ ………… **15**,**16**,74,93
サワガニ ……………… **36**,40	チンパンジー …………… 88,89	ハト ……………………… **72**
サンゴ …………… 43,**44**,46	ツキノワグマ …………… 83	ハナアブ ………………… 22
サンゴチュウ …………… 44	ツクツクボウシ …………… 11	ハナサキガニ …………… 36,39
サンマ ………………… **56**	ツツドリ ………………… 70	ハマグリ ………………… 42
シオカラトンボ ……… **19**,93	ツバメ ………………… **69**,70	ハリセンボン …………… 56
シオマネキ ……………… 36	ツル …………………… 70,75	ヒキガエル ………… **60**,**61**,65
シカ ……………… 84,85,92	テントウムシ ……… **23**,**24**,93	ヒグラシ ………………… 11
シギ ……………………… 70	動物プランクトン ……… **45**	ヒゲクジラ ……………… 87
シジミ …………………… 42	トカゲ ………………… **63**,65	ヒツジ …………………… 84
シマウマ ………………… 82	トド ……………………… 87	ヒト ……………… 78,85,87,**89**
シマリス ………………… 79	トノサマガエル ………… 61	ヒトスジシマカ ………… 21
シミ ……………………… 22,93	トノサマバッタ …… **15**,**16**,74,93	ヒトデ …………………… 43,46
シャチ …………………… 87	ドバト …………………… 72	ヒメダカ ………………… 48
ジュゴン ………………… 87	トビウオ ………………… 57	ヒョウモンガメ ………… 66
ショウジョウバエ ………… 22	トビズムカデ …………… 34	ヒヨドリ ………………… 70
ショウリョウバッタ ……… 16	トラフグ ………………… 56	ヒラタカゲロウ ………… 40
ジョロウグモ …………… 30	トンボ ……………… **19**,**20**,93	ヒラタドロムシ ………… 40
シロアリ ………………… 14	**ナ**	ヒル ………………… 34,40
シロナガスクジラ ………… 87		フェネックギツネ ………… 81
スケトウダラ …………… 57	ナガレトビケラ ………… 40	フグ …………………… **56**
スジエビ ………………… 40	ナナホシテントウ ……… **23**,**24**	フクロウ ……………… **73**,80
スズムシ ………………… 17	ナマコ ………………… 43,46	フジツボ ………………… 38
スズメ ………………… 70,**72**	ナミアゲハ ……………… 8	フナ ………… **50**,**51**,53,55,58,90
スズメガ ………………… 93	ナミテントウ …………… 24	ブユ …………………… 22,40
スズメバチ …………… 13,14	ナメクジ ………………… 42	ブラックバス …………… 54
ズワイガニ ……………… 36	ニジマス ……………… 52,53,57	プランクトン …… 36,42,**45**,48
セイヨウオオマルハナバチ … 13	ニジュウヤホシテントウ … 24	ブルーギル ……………… 54
セスジユスリカ ………… 40	ニシン …………………… 57	ヘイケボタル …………… 27
セミ …………………… **10**,**11**,93	ニホンカナヘビ ………… 63	ヘビ ……………… **65**,74,90

ヘビトンボ ……………… 40	ミジンコ ……………… 45	やご ……………… 19
ペリカン ……………… 75	ミズカマキリ ……………… 40	ヤシガニ ……………… 36,39
ペンギン ……………… **76**	ミズクラゲ ……………… 43	ヤスデ ……………… **34**
ボウフラ ……………… 21,48	ミズスマシ ……………… 93	ヤドカリ ……… 36,37,**39**,44
ホオジロ ……………… 70	ミズムシ ……………… 40	ヤマカガシ ……………… 65
ホタテ ……………… 42	ミツバチ ……………… **12**,**13**,93	ヤマトシジミ ……………… 40
ホタル ……………… **27**,42	ミドリガメ ……………… 54,66	ヤマトビゲラ ……………… 40
ホッキョクギツネ ……………… 81	ミドリムシ ……………… 45	ヤマネ ……………… **79**
ホッキョクグマ ……………… 83	ミノガ ……………… 9,93	ヤモリ ……………… **63**
ホトトギス ……………… 70	ミノムシ ……………… 9	
	ミミズ ……………… **34**,60	**ラ, ワ**
マ	ミミズク ……………… 73	ライオン ……………… **82**,85
マアジ ……………… 56	ミンミンゼミ ……………… 11	ラクダ ……………… 85
マガモ ……………… 70,**71**	ムカデ ……………… 34	ラッパムシ ……………… 45
マグロ ……………… **55**	メカジキ ……………… 57	リクガメ ……………… 66
マコガレイ ……………… 56	メダカ … 19,**48**,**49**,50,53,54,55,58	ワシ ……………… 74
マダコ ……………… 41	モグラ ……………… 33	ワニ ……………… **64**
マダニ ……………… 31	モクズガニ ……………… 36	ワニガメ ……………… **66**
マツムシ ……………… 17	モリアオガエル ……………… 61	ワラジムシ ……………… 32
マムシ ……………… 65	モンシロチョウ …… **6**,**7**,28,93	ワラビー ……………… 86
マルハナバチ ……………… 13		ユスリカ ……………… 40
マレーグマ ……………… 83	**ヤ**	
マンボウ ……………… 57,90	ヤギ ……………… 84,85	
ミカヅキモ ……………… 45	ヤコウチュウ ……………… 45	

執筆協力／青野裕幸（北海道寿都町立寿都中学校教諭、北海道理科サークルWisdom96代表）
編集協力／須郷和恵、長谷川千穂、木村紳一、野口祐希
図版／野口真弓、(株)アート工房、(有)ケイデザイン、角 愼作
写真／無印：編集部、その他の写真の出典は写真そばに記載
本文・表紙デザイン／星 光信(Xing Design)
DTP／(株)明昌堂 データ管理コード11-1557-1439(CS3)

［この本は、下記のように環境に配慮して制作しました。］
●製版フィルムを使用しないCTP方式で印刷しました。
●環境に配慮した紙を使用しています。

入試に出る動物完全攻略

編 者	学研教育出版
発行人	土屋 徹
編集人	柴田雅之
編集長	橋爪美紀
発行所	株式会社 学研教育出版 東京都品川区西五反田2-11-8
発売元	株式会社 学研マーケティング 東京都品川区西五反田2-11-8
印刷所	株式会社リーブルテック

●この本に関する各種お問い合わせ先
【電話の場合】
●編集内容については　03-6431-1543(編集部直通)
●在庫, 不良品(乱丁, 落丁)について
　03-6431-1199(販売部直通)
●学研商品に関するお問い合わせは下記まで
　03-6431-1002(学研お客様センター)
【文書の場合】
〒141-8418　東京都品川区西五反田2-11-8
学研お客様センター『入試に出る動物完全攻略』係

©Gakken Education Publishing 2011 Printed in Japan 本書の無断転載, 複製, 複写(コピー), 翻訳を禁じます。
本書を代行業者等の第三者に依頼してスキャンやデジタル化することは、たとえ個人や家庭内の利用であっても、著作権法上、認められておりません。

中学入試 完全攻略シリーズ

入試に出る動物 完全攻略
[別冊] 中学入試過去問集

実際の入試問題から、よく出る動物の良問を集めました。
過去問を解いて、実戦力をつけましょう。

【解答と解説】→ 15・16 ページ

※本体と軽くのりづけされていますので、
はずしてお使いください。

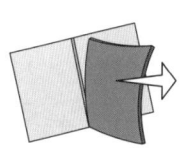

1　生き物の好きなA君が、学校でモンシロチョウを飼うことになりました。そこで、本で飼い方などを調べました。次の問いに答えなさい。
【西南学院中・改】

(1) モンシロチョウはキャベツやブロッコリーなどの決まった植物に卵を産むが、それはどんなよい点があるからか。次の中から1つ選び、記号で答えなさい。
　ア　これらの植物が、幼虫を食べる昆虫がきらうにおいを出すから。
　イ　幼虫が、これらの植物の花のみつを吸うことができるから。
　ウ　幼虫が、これらの植物の葉を食べることができるから。
　エ　幼虫が、これらの植物につくアブラムシを食べることができるから。

(2) A君が調べた本には、いろいろな昆虫の口の図ものっていた。次のうちチョウのなかまの口はどれか。次の中から1つ選び、記号で答えなさい。

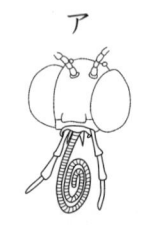

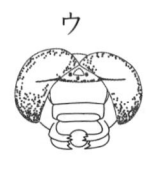

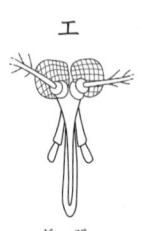

　　ア　　　　イ　　　　ウ　　　　エ

(3) モンシロチョウは、卵から成虫になるまでに6回脱皮する。このうち最後の2回は、幼虫からさなぎへと、さなぎから成虫への変態のための脱皮である。それでは、幼虫の間の4回の脱皮は何のために行うのか。次の中から1つ選び、記号で答えなさい。
　ア　脱皮のたびに色を変えて、鳥から見つかりにくくするため。
　イ　カビや天敵に産みつけられた卵を、脱皮とともにぬぎ捨てるため。
　ウ　皮の中にためておいたフンを、脱皮のときにいっしょに捨てるため。
　エ　外側の皮がそれ以上のびないので、きゅうくつになったため。

(4) 本には「モンシロチョウはさなぎで冬をこす」と書いてあった。それでは、カブトムシとカマキリは、それぞれどのようにして冬をこすか。次の中から1つずつ選び、記号で答えなさい。
　ア　冬も夏と同じように成虫のまま活動している。
　イ　成虫のままあたたかいところに集まって動かないで冬をこす。
　ウ　卵で冬をこす。
　エ　幼虫で冬をこす。

2　ア〜オの飼育箱の中で、カブトムシの成虫、エンマコオロギの成虫、トノサマバッタの成虫、アゲハチョウの幼虫、トンボの幼虫のいずれかの昆虫を飼っています。ア〜オの飼育箱の特ちょうはそれぞれ次のようです。
　ア：えさとしてカラタチの葉が入っている。
　イ：えさとしてススキとエノコログサが入っている。
　ウ：えさとしてアカムシが入っている。

エ：おがくずを10cmくらい入れて、しめらせている。
オ：わらなどのかくれる場所がある。

【愛知淑徳中】

(1) 図1は、ア～オの飼育箱のどの昆虫の成虫の前あしをスケッチしたものですか。ア～オのうちから1つ選び、記号で答えなさい。

(2) 飼育箱ウの昆虫の幼虫を何といいますか。

(3) ア～オの飼育箱の昆虫のうち、成虫と幼虫でえさが異なるものをすべて選び、記号で答えなさい。

(4) ア～オの飼育箱の昆虫のうち、成長の途中でさなぎになるものをすべて選び、記号で答えなさい。

(5) 昆虫は、卵、幼虫、さなぎ、成虫のいずれかの姿で冬をすごします。飼育箱イの昆虫と冬をすごす姿が同じものを、次の①～④のうちから1つ選び、番号で答えなさい。
① カマキリ　　② モンシロチョウ　　③ ナナホシテントウ　　④ ハエ

(6) 飼育箱オの昆虫の卵の産み方として正しいものを、次の①～⑤のうちから1つ選び、番号で答えなさい。
① めすが決まった種類の植物に1個ずつ卵を産む。
② めすがふよう土の中にもぐり、1個ずつ卵を産む。
③ めすが長い管を土の中にさしこんで、卵を産む。
④ めすがおなかを長くのばして、土の中に卵を産む。
⑤ めすが水の中に卵を産む。

3 動物はいろいろなしげきを体の一部で感じてまわりの変化を知ったり、自分のなかまや異性の存在を知ったりします。カイコガのおすは、何らかのしげきを感じてめすの存在に反応し、独特なはねのばたつかせ方をします。このときおすがめすの存在を知るしげきとして次の3つの〔可能性〕ア～ウが考えられます。それを確かめるため、おすとめすを大きな透明の箱に入れ、下表の実験1～5を行っておすの反応を調べました。（字数制限のある問いでは句読点は字数に入れません。）

【灘中】

〔可能性〕　ア　めすの姿を見て知る。　　　イ　めすのにおいを感じて知る。
　　　　　ウ　めすの体に直接触って知る。

実験	実験方法	実験結果（おすの反応）
1	入れたままにしておく。	反応した。
2	おす・めすそれぞれに透明なコップを逆さまにしてかぶせる。	A
3	おす・めすそれぞれに透明なコップを逆さまにしてかぶせ、コップの間に不透明なついたてを立てる。	反応しなかった。
4	おす・めすそれぞれを細かいあみで作った容器に入れる。	B
5	おす・めすそれぞれを細かいあみで作った容器に入れ、容器の間に不透明なついたてを立てる。	反応した。

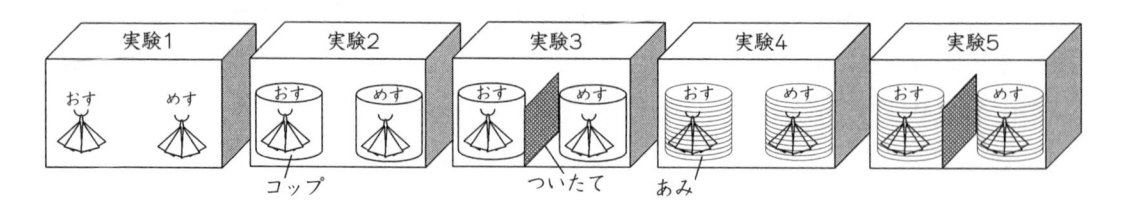

（図：実験1〜実験5　おす・めすの配置、コップ、ついたて、あみ）

(1) 次の動物はどのような手段で異性を呼び寄せますか。それぞれ3文字以内で答えなさい。
　　① セミ　　② コオロギ　　③ ホタル

(2) この実験で、おすとめすを透明なコップに入れる場合と、細かいあみで作った容器の中に入れる場合とで、共通しておすができなくなる感知のしかたは何ですか。〔可能性〕ア〜ウの文中の適切な語を使い、5文字以内で答えなさい。

(3) (2)をふまえた上で、透明なコップにより、おすはめすの、①何を感知できるままで、また、②何を感知できなくなっていますか。〔可能性〕ア〜ウの文中の適切な語を使い、それぞれ5文字以内で答えなさい。

(4) (2)をふまえた上で、容器の間のついたてにより、おすはめすの何を感知できなくなっていますか。〔可能性〕ア〜ウの文中の適切な語を使い、5文字以内で答えなさい。

(5) 次の文中の[　]には適する記号ア〜ウを、（　）には「反応した」「反応しなかった」のどちらかを入れなさい。
　　『実験3と5を比べると、〔可能性〕[　①　]だけが正しいと考えられる。その上で、表中の実験結果Aは（　②　）となり、Bは（　③　）となると考えられる。』

(6) おすの触角を切り落として実験1、3、5を行うと、おすは実験1、5でも反応しなくなりました。このことからいえることは何ですか。12文字以内で答えなさい。ただし、触角を切り落としてもカイコガは暴れたり死んだりしないものとします。

4　ミツバチについて、次の問いに答えなさい。　　　　　　　　　　【立教新座中】

(1) ミツバチに最も近いなかまの昆虫を、次のア〜エから選び、記号で答えなさい。
　　ア　ハンミョウ　　イ　ハナアブ　　ウ　ハマダラカ　　エ　クロヤマアリ

(2) ミツバチはみつと花粉を集めて巣にもどります。みつは胃の近くにあるみつのうというところにためて持ち帰りますが、花粉はどのように持ち帰るでしょう。次のア〜エから選び、記号で答えなさい。
　　ア　背中に集めて、つけて持ち帰る。
　　イ　あしに集めて、つけて持ち帰る。
　　ウ　触角に集めて、つけて持ち帰る。
　　エ　口でくわえて持ち帰る。

(3) ミツバチの巣には、女王バチ、働きバチ、おすバチがすんでいます。巣の中のミツバチの特ちょうについて正しいものを、次のア〜オからすべて選び、記号で答えなさい。
　　ア　働きバチはすべてめすである。

イ　働きバチよりおすバチのほうが多い。
　　ウ　女王バチはおすバチより少ない。
　　エ　女王バチの食べ物は新鮮なみつである。
　　オ　働きバチの仕事はみつを集めるだけである。
(4)　ミツバチがスズメバチにおそわれると、ミツバチはどのような行動をとるでしょうか。次のア～エから選び、記号で答えなさい。
　　ア　いっせいにスズメバチに群がる。
　　イ　いっせいに動きを止めて、死んだふりをする。
　　ウ　巣の中に花粉をまき散らし、スズメバチから身をかくす。
　　エ　体の大きい女王バチが、巣の入口でスズメバチを追いはらう。
(5)　イチゴやメロンを栽培する農家では、ミツバチを利用しています。どのような目的でミツバチを利用するのでしょうか。その目的を10字以内で説明しなさい。
(6)　ミツバチは花の場所をなかまに知らせるために特別な行動をとります。その行動を調べたのが動物学者のカール・フォン・フリッシュです。フリッシュは、巣箱をつくり、たくさんのミツバチを観察しました。すると、花の場所を見つけて巣箱にもどってきたミツバチが、円をえがくように動くようすを観察できました。その動きにより、なかまにその花の場所を知らせていることを突き止めました。太陽が図1のAの方角にあるときには、Aの花の場所を教える動きは（a）で、Bの花の場所を教える動きは（b）でした。太陽の位置が変わると、それぞれの花の場所を教える動きは、（a）や（b）とは異なっていました。

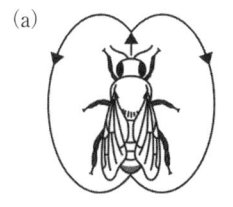

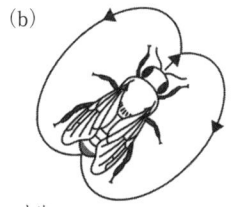

＊矢印は動く向きを示している。

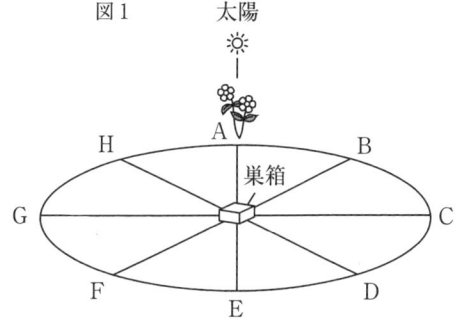

①　図2のグラフは、ミツバチの動きと花の場所までの距離の関係を示しています。このグラフからわかることを、次のア～エから選び、記号で答えなさい。
　　ア　花の場所が近いと動きはおそくなる。
　　イ　花の場所が近いと動かなくなる。
　　ウ　花の場所が近いと動きは速くなる。
　　エ　花の場所の距離と動きの速さとは関係ない。

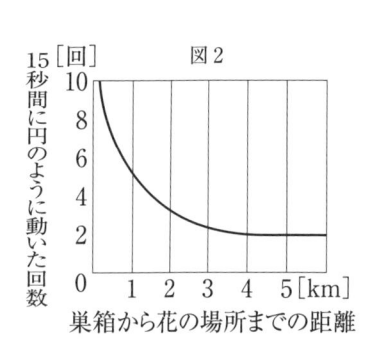

② ミツバチが（c）の動きをしていました。このとき花の場所はどこにあるでしょうか。図1のA〜Hから選び、記号で答えなさい。ただし、太陽はAの方角にあります。

③ 太陽がBの方角に移動したとき、ミツバチはAの花の場所を伝えるためにどのような動きをするでしょうか。次のア〜エから選び、またその理由をオ〜クから選び、それぞれ記号で答えなさい。

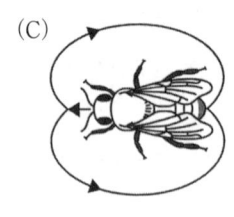

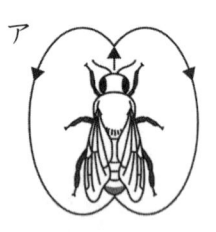

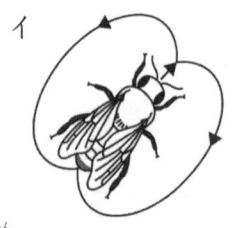

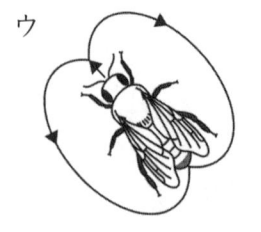

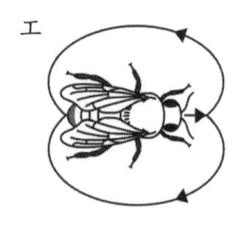

オ　巣箱の角度を基準としているため。
カ　太陽によってできる巣箱のかげの長さを基準としているため。
キ　南の方角を基準としているため。
ク　太陽の方角を基準としているため。

5　図1では、身近に見られる昆虫の成虫あ〜かとこれらの成虫に対応する幼虫ア〜カを示しています。あしはかかれておらず、大きさは実際のものとはちがっています。

図1の昆虫6種類はいずれも幼虫は空を飛ぶことができず、成虫は空を飛ぶことができます。同じ種類であっても、飛ぶことに関わる体のつくりは幼虫と成虫とでちがっています。また飛べるようになることで、生活場所や食べる物が幼虫と成虫で変わることもあります。このように、昆虫の体のつくり、生活場所、食べる物といった特ちょうは、昆虫の種類によってさまざまにちがうと同時に、昆虫の生育段階によってもちがうことがあります。

【開成中】

あ　モンシロチョウ　　い　カブトムシ　　う　アブラゼミ　　え　ナナホシテントウ　　お　ショウリョウバッタ　　か　シオカラトンボ

ア　イ　ウ　エ　オ　カ

図1

(1) 次のa〜gでは昆虫が食べる物を分類しています。図1の昆虫のうち、あ、ア、お、オが食べる物として適当なものをa〜gからそれぞれ1つずつ選び、記号で答えなさ

い。

　　a 木の幹や枝　　b 木のしる　　c 草の葉　　d 草のしる

　　e かれてくさった木の枝や葉　　f 花のみつ　　g ほかの虫や小動物

(2) 解答らん中のモンシロチョウの図に、次の①、②の場合の、口の形をかきなさい。それぞれ解答らん中の口のはじまりである▲の部分に続けてかきなさい。

　① えさを食べていない場合　　　② えさを食べている場合

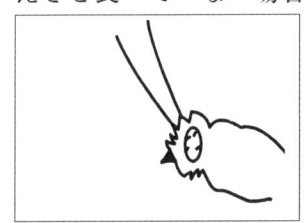

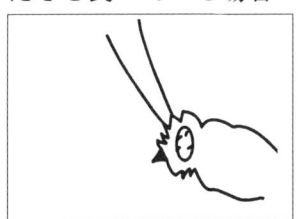

(3) 図1の6種類の昆虫は、いずれも飛べない幼虫から飛べる成虫へと、体のつくりを変化させます。

　昆虫の中には、さなぎをつくり、幼虫から成虫へと体のつくりを大きく変えるものがあります。ところが図1の昆虫のすべてがさなぎをつくるわけではありません。図1の6種類では、どのような性質をもつものがさなぎをつくるのでしょうか。それを考えるために、図1の昆虫を、さなぎをつくるグループ（3種類）とさなぎをつくらないグループ（3種類）とに分け、それぞれについて下の表のア〜ウにあげた性質があてはまるものの数を調べました。次の問いに答えなさい。

① さなぎをつくるグループ3種類のうち、幼虫と成虫で、あしの数がちがうものは何種類ですか。表1を見て、数字を答えなさい。

＜表1＞

	さなぎをつくるグループ（3種類）	さなぎをつくらないグループ（3種類）
ア　幼虫と成虫で、あしの数が同じである。	2種類	3種類
イ　幼虫と成虫で、食べる物の分類（(1)a〜g）が同じである。	1種類	3種類
ウ　幼虫のときはねのめばえは見られず、成虫ではねが出てくる。	3種類	0種類

② 表1を参照して、図1の6種類の昆虫について、下の❶〜❸が正しいときは○を、正しくないときは×を書きなさい。

　❶ 幼虫と成虫で、あしの数がちがう昆虫はさなぎをつくる。

　❷ 幼虫と成虫で食べる物の分類（(1)a〜g）がちがうとき昆虫はさなぎをつくり、幼虫と成虫で食べる物の分類が同じとき昆虫はさなぎをつくらない。

　❸ さなぎをつくる昆虫は、幼虫のときはねのめばえが見られないものだけであり、幼虫のときはねのめばえが見られない昆虫は、すべてさなぎをつくる。

③ 図1に示した昆虫で、さなぎをつくらないものはどれですか。すべて選び、成虫の記号あ〜かで答えなさい。

6 次のAとBに答えなさい。

【広島大学附属中・改】

A　表1のア〜エは、いろいろな魚の体を、側面から見た形と、点線での断面のりんかくを簡単にスケッチしたものです。なお、表中の①〜④は、4種類の「ひれ」を示しています。これに関して、次の問いに答えなさい。

(1) 表1のア〜エのうち、メダカの体の形は、どれにふくまれますか。最も適当なものを1つ選び、記号で答えなさい。

(2) メダカのおすとめすを見分けることができるものを表1の①〜④から2つ選び、番号で答えなさい。

B　図1のような水そうにメダカを飼い、受精した卵（受精卵）およびふ化した子メダカを、そう眼実体けんび鏡で観察し、スケッチしました。図2は受精してからおよそ2時間後、図3は2日後、図4は4日後、そして、図5は、受精してから14日後に、ふ化したようすを表しています。これに関して、次の問いに答えなさい。

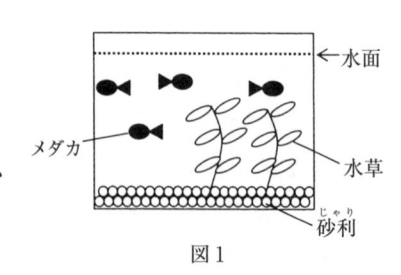

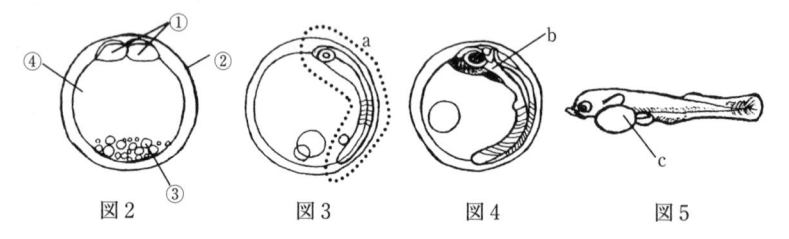

(3) メダカの受精卵をとるのに最も適当なものを、次のア〜エから1つ選び、記号で答えなさい。

　　ア　水面の水　　イ　砂利　　ウ　水草　　エ　メダカのおす

(4) 図2と比べて、図4の受精卵の大きさはどうなりますか。次のア〜オから1つ選び、記号で答えなさい。

　　ア　大きさが約2倍になる。　　イ　大きさが約2分の1になる。
　　ウ　大きさが約4倍になる。　　エ　大きさが約4分の1になる。
　　オ　大きさはほとんど変わらない。

(5) 図3では、点線で囲まれたaの部分のように、受精卵の中で少しずつメダカの体がつくられていることがわかります。aの部分は、どの部分が成長・変化したと考えられますか。図2の①〜④から1つ選び、記号で答えなさい。

(6) 次の文は、図4のbの付近について観察したようすを示したものです。文中の（　）にあてはまる語句を、10字以内で答えなさい。

　　図4の状態になって、1日たったころから、bの付近がぴくぴくと動いているのがわかった。これは、bの付近で（　　　　　　　）が始まったからである。さらに日がたつと、その動きは、はげしくなり、その他の部分では、血液が流れているようすも観察できた。

(7) 図5では、cのようなふくろ状のものが観察できます。ふ化してから2～3日のcの役割として最も適当なものを、次のア～エから1つ選び、記号で答えなさい。
　ア　泳いだり、ういたりするための空気をためている。
　イ　体の温度を一定に保つための水分をたくわえている。
　ウ　体を成長させるための養分をたくわえている。
　エ　体の中にたまった不要物をためている。

7　次の文を読み、あとの問いに答えなさい。　　　　　　　　　　　　【成城中・改】

　動物は、まわりからいろいろな刺激を受けとり、その刺激に対していろいろな反応を示します。例えば、夜、明るい電灯に向かってガが飛んでくるのは、光に向かう性質があるからです。また、ゴキブリは明るくすると暗いほうへにげていきますが、これは光から遠ざかる性質があるからです。このように、まわりからの刺激に対して、一定の方向へ反応する性質を走性といいます。小川にすむメダカが下流へ流されないことも、走性が関係していると考えられています。この場合、水の流れがあると、メダカは上流へ泳ぐ性質があることになり、結果としてメダカは一定の場所にとどまることができると考えられます。

　流れの中でメダカが一定の場所にとどまるしくみを調べるために、以下の実験1～3を行いました。実験では、図1のような、水とメダカ数匹を入れた透明な円形容器を無地の台の上に置き、メダカの泳ぐ方向を上から観察しました。

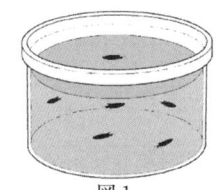

〔実験1〕水流がないと、メダカはそれぞればらばらの方向に泳ぎました。
〔実験2〕時計回りの方向に水流をつくると、メダカは［　　］泳ぎました。
〔実験3〕実験2と同じ水流をつくり、周囲を暗くすると、メダカは一定の場所にとどまれなくなりました。

(1) 実験2では、下線部の性質を裏付ける結果が観察されました。［　　］にあてはまることばとして最も適当なものを、次のア～オから選び、記号で答えなさい。
　ア　水流に従って時計回りに　　　イ　水流に従って反時計回りに
　ウ　水流に逆らって時計回りに　　エ　水流に逆らって反時計回りに
　オ　それぞればらばらの方向に

　以上の実験から、メダカが一定の場所にとどまるためには、視覚が重要な役割を果たしていると考えられます。そこで次のような仮説を立て、実験4と5を行いました。

〔仮説〕メダカは、目で周囲の景色を確認しながら、一定の場所にとどまろうとしている。

〔実験4〕図2のように、白と黒のしま模様のボール紙を、しま模様が内側になるように丸めた円筒Aを用意し、円形容器の周囲にかぶせました。水流を止めて、この円筒Aを反時計回りに回転させました。

〔実験5〕図3のように、白と黒のななめのしま模様のボール紙を、しま模様が内側になるように丸めた円筒Bを用意し、円形容器の周囲にかぶせました。水流を止めて、この円筒Bを反時計回りに回転させました。

(2) 仮説が正しい場合、実験4の結果、メダカはどのように泳ぐと予想されますか。最も適当なものを、次のア～ウから選び、記号で答えなさい。

　ア　時計回りの方向に泳ぐ。
　イ　反時計回りの方向に泳ぐ。
　ウ　それぞればらばらの方向に泳ぐ。

(3) 仮説が正しい場合、実験5の結果、メダカはどのように泳ぐと予想されますか。最も適当なものを、次のア～オから選び、記号で答えなさい。

　ア　水面に向かって、時計回りの方向に泳ぐ。
　イ　水面に向かって、反時計回りの方向に泳ぐ。
　ウ　底に向かって、時計回りの方向に泳ぐ。
　エ　底に向かって、反時計回りの方向に泳ぐ。
　オ　それぞればらばらの方向に泳ぐ。

⑧　授業中に、下のようにフナの解ぼうをしました。次の問いに答えなさい。　【城北中】

〈方法〉
1. フナの頭を左にして、背中をおさえ、こう門の少し前を解ぼうばさみで切る。そこにはさみの丸いほうの先を入れ、口の下のあごの下までまっすぐに切る。（図1）

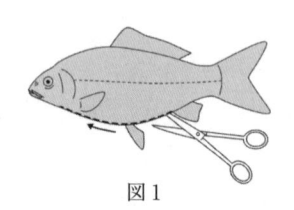

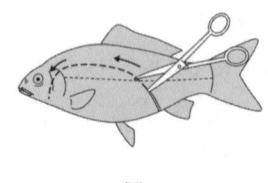

2. フナを解ぼう皿に置き、初めにはさみを入れた位置から半円形に胴部を切り、えらぶたも切り、あごの下まで切り開いた。（図2）

〈観察結果〉
1. えらぶたを切ると赤いえらが4枚あった。
2. 消化管は長く、食道からこう門までつながっていて、胃や腸の区別はなかった。
3. 解ぼうしたフナがめすだったので、大きな卵巣があった。

4. 大きな白いふくろ状のものがあった。それは、食道に続く消化管につながっていた。
5. 私たちの体にあるものとはつくりがちがうが、一定のリズムで動いているものがあった。

(1) 〈観察結果〉4の白いふくろ状のものは何ですか、名前を書きなさい。
(2) 〈観察結果〉5の一定のリズムで動いているものは何ですか。名前を書きなさい。
(3) 図3のフナに、次のア・イの部分をそれぞれかき入れ、ウの部分を指示にならって書き入れなさい。
　ア　頭部と尾部を結ぶ背骨。
　イ　〈観察結果〉4の白いふくろ状のもの。
　ウ　〈観察結果〉5のものがある位置を◎で示しなさい。

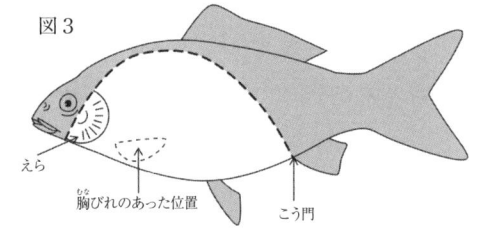

図3

---

9 カエルについて、あとの問いに答えなさい。　　　　　　　　　　　【横浜中・改】

(1) カエルのように、背骨がある生物をまとめて何といいますか。
(2) カエルは何のなかまに分類されますか。ア〜エから1つ選び、記号で答えなさい。
　ア　両生類　　イ　は虫類　　ウ　ほ乳類　　エ　魚類
(3) (2)で答えた分類には、ほかにどのような生物がふくまれますか。ア〜オから1つ選び、記号で答えなさい。
　ア　トカゲ　　イ　ドジョウ　　ウ　ヤモリ　　エ　イモリ　　オ　ペンギン
(4) カエルの体温について、次のア〜エの文から正しいものを1つ選び、記号で答えなさい。
　ア　カエルの体温は、まわりの気温が上がると上がるが、下がっても変化しない。
　イ　カエルの体温は、まわりの気温が上がっても変化しないが、下がると下がる。
　ウ　カエルの体温は、まわりの気温が上がると上がり、下がると下がる。
　エ　カエルの体温は、まわりの気温に左右されず、つねに一定である。
(5) カエルの呼吸について、次のア〜エの文から正しいものを1つ選び、記号で答えなさい。
　ア　カエルは子も親も肺呼吸をする。
　イ　カエルは子も親もえら呼吸をする。
　ウ　カエルは子は肺呼吸をし、親はえら呼吸をする。
　エ　カエルは子はえら呼吸をし、親は肺呼吸をする。

---

10 5種類の鳥について、次の文を読み、あとの問いに答えなさい。
　　　　　　　　　　　　　　　　　　　　　　　　　　　　　【広島女学院中・改】

カラス：町中でもよく見かける鳥で、体は黒一色である。何でもよく食べ、（　A　）をあさるので社会問題にもなっている。
ツバメ：雨のあたらない軒先などに巣を作り子育てをする。体は小さいが飛ぶ速さは比較的速い。おもに（　B　）を食べる。

スズメ：人家またはその周辺に多い。小さな昆虫も食べるが、（ C ）を好んで食べるので農家にとっては迷惑な鳥である。

トビ：つばさを横に開いたまま、大きく輪をえがいて飛ぶ。（ D ）を食べるため、特ちょう的なくちばしをもっており、目の位置も比較的顔の正面側についている。

メジロ：目のまわりが白いためこの名前がついた。花のみつなどを吸うが（ E ）を木の枝にさしておくと食べにくる。

(1) 文中の（ A ）～（ E ）に入る語句として最も適当なものを、次のア～キの中からそれぞれ選び、記号で答えなさい。

　ア　果物　　イ　残飯　　　ウ　小動物や魚　　エ　小さな昆虫
　オ　雑草　　カ　穀物の種　　キ　植物の芽

(2) これら5種類の鳥の中で渡り鳥はどれですか。

(3) これら5種類の鳥の中で最も大きい鳥はどれですか。

(4) 双眼鏡で鳥を観察すると次の①～③の鳥が見えました。ただし、図の大きさは実際の鳥の大きさを正しく表したものではありません。①～③の鳥の名前を、5種類の鳥の中からそれぞれ選んで答えなさい。

11　次の文を読み、あとの問いに答えなさい。
【久留米大学附設中】

　鳥が子を産む場所（繁殖地）と冬をこす場所（越冬地）を往復することを [X] という。この [X] をする鳥を [X] 鳥といい、日本に寒くなってやってくる鳥を冬鳥、暖かくなってやってくる鳥を夏鳥、春と秋の [X] の移動の途中で日本を通過する鳥を旅鳥という。一方、これらの [X] をする鳥に対し、夏は山地、冬は平地と比較的近距離の移動のみをする鳥を漂鳥、一年中同じ場所にいて季節による移動をしない鳥を留鳥という。

(1) 文中の [X] に適する語を答えなさい。

(2) 冬鳥、夏鳥、旅鳥の繁殖地と越冬地を次のア～ウの中から選び、記号で答えなさい。

　ア　日本　　イ　日本より北の地域　　ウ　日本より南の地域

(3) 漂鳥にはヒヨドリやホオジロなどがいます。次のア～クは、漂鳥以外の鳥を並べたものですが、冬鳥、夏鳥、留鳥はこのうちどれですか。それぞれ2つずつ適当なものを選び、記号で答えなさい。

　ア　オオハクチョウ　　　イ　ホトトギス　　　ウ　スズメ　　　エ　ツバメ
　オ　ハシブトガラス　　　カ　オオチドリ　　　キ　マガモ　　　ク　アオアシシギ

12 次は、背骨のある動物のなかまを表したものです。これについて次の問いに答えなさい。
【開明中・改】

　　メダカ｜イモリ｜ヤモリ｜カラス｜ネズミ
　　　　　A　　　B　　　C　　　D

(1) 水中で一生をすごす動物と、そうではない動物を分けるには、A～Dのどこで分ければよいですか。A～Dの記号で答えなさい。

(2) 卵生（卵を産む動物）と胎生（子どもを産む動物）を分けるには、A～Dのどこで分ければよいですか。A～Dの記号で答えなさい。

(3) ヤモリのような動物をは虫類といいます。ネズミのような動物は、何類といいますか。

(4) 右の図は、ネズミとヤモリについて、気温を変化させたときの体温の変化を表したグラフです。これを参考にして、ヤモリが冬眠する理由を30字以内で答えなさい。

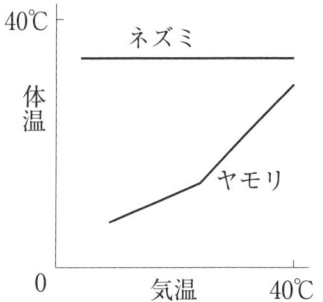

---

13 地球上には多くの動物が生活しています。それらの動物は、体の特ちょうや生活のしかたでいろいろななかまに分けることができます。次の(1)～(4)の各グループの中において、□□の中にほかの動物とちがった特ちょうをもつものを、ア～エから選び、記号で答えなさい。また、（ ① ）～（ ⑥ ）には適する語を答えなさい。
【大谷中】

(1) ア ゾウリムシ　　イ ミジンコ　　ウ アメーバ　　エ ツリガネムシ
　　□□の体は多くの（ ① ）からできているが、ほかの動物の体は１つの（ ① ）からできている。

(2) ア ウサギ　　イ ヒツジ　　ウ イノシシ　　エ ウシ
　　□□はあしに（ ② ）をもたないが、ほかの動物はあしに（ ② ）をもっている。

(3) ア サソリ　　イ クモ　　ウ ダニ　　エ アメリカザリガニ
　　□□は（ ③ ）本のあしをもっているが、ほかの動物は（ ④ ）本のあしをもっている。

(4) ア ペンギン　　イ コウモリ　　ウ ダチョウ　　エ カモノハシ
　　□□は（ ⑤ ）を産むが、ほかの動物は（ ⑥ ）を産んでなかまをふやす。

---

14 次のページの表は、シマウマとヒョウの歯の特ちょうと自然界で食べるものの種類について調べた結果をまとめたものです。図１は正面から見たシマウマとヒョウの顔で、図２はそれぞれの頭骨です。次の問いに答えなさい。
【江戸川学園取手中】

図１

	シマウマ	ヒョウ
歯の特ちょう	門歯と（ ① ）がよく発達している。①のかみ合う側は、平らでみぞのようなものがある。	犬歯と臼歯がよく発達している。臼歯のかみ合う側は、とがってぎざぎざしている。
自然界で食べるものの種類	草など	草食動物など

(1) 表の空らん①にあてはまる歯の名前を次のア、イの中から選び、記号で答えなさい。図2を参考にしなさい。
　ア　犬歯（糸切り歯）　　イ　臼歯

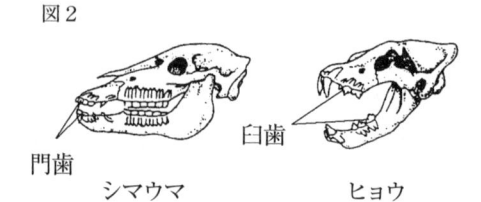

(2) ヒョウの目のつき方は前向きで、えものを2つの目でにらんで飛びかかるのに適しています。一方、シマウマの目のつき方は横向きですが、どのようなことに適していますか。敵から身を守るという点から、簡単に説明しなさい。

(3) ヒョウは臼歯を使って肉を切りさいているのに対し、シマウマは①の歯を使って、かたい草などをどのようにしているのですか。表と図2を参考にして、簡単に説明しなさい。

15　地球上の生物たちの間には、例えば草をシマウマが食べる、シマウマはライオンに食べられるというように、食べる―食べられるの関係が成り立っていて、そのつながりを食物連鎖といいます。次の問いに答えなさい。
【カリタス女子中】

(1) 下の［生物群］の中から、4つずつ生物を選び、水中の食物連鎖と陸上の食物連鎖を作りなさい。
　例　草→シマウマ→ライオン（草をシマウマが食べ、ライオンがシマウマを食べる場合）
　［生物群］ミジンコ　ミミズ　メダカ　ナマズ　タカ　カエル　ヘビ　ケイソウ

(2) チョウと、チョウを食べるクモと、クモを食べるモズがいる森があります。この森にすんでいるクモを一度にたくさんとり除くと、チョウとモズの数はどうなると考えられますか。次のア〜ウから選び、記号で答えなさい。ただし、モズはクモだけを食べることとします。
　ア　増える　　イ　変わらない　　ウ　減る

(3) 現在、生物の体内に入っても分解されず、体外に出されることもないPCBという物質が問題になっています。海水に流れこんだPCBは水中のプランクトンに、そして魚へととりこまれていき、魚を食べるヒトも体内にPCBがたまります。プランクトンや魚にはあまり影響がないのにヒトの体にはとても悪い影響をあたえ、病気になることもあります。その理由を書いた次の文章の（ a ）〜（ c ）に入ることばを答えなさい。
　魚はたくさんのプランクトンを食べ、ヒトはそれらの魚を食べる。一般的に食物連鎖が進むほど、生物の数は（ a ）くなるが、体は（ b ）くなり、食べる量は増える。そのため、生物の体内のPCB濃度は、食物連鎖が進むほど（ c ）くなってしまうから。

解答と解説 〈別冊〉中学入試過去問集

1　(1)ウ　(2)ア　(3)エ
　(4)カブトムシ…エ　カマキリ…ウ

2　(1)エ　(2)やご　(3)ア、ウ、エ
　(4)ア、エ
　(5)①　(6)③

[解説] アはアゲハチョウの幼虫、イはトノサマバッタの成虫、ウはトンボの幼虫、エはカブトムシの成虫、オはエンマコオロギの成虫です。
(3)トンボの幼虫はおたまじゃくし、メダカなど水中の生物を食べ、トンボの成虫はカやハエ、チョウなどを食べます。

3　(1)①…鳴く　②…鳴く　③…光る
　(2)触って知る
　(3)①…めすの姿　②…におい
　(4)めすの姿
　(5)①…イ　②…反応しなかった
　　③…反応した
　(6)触角でにおいを感じる

[解説] ここでいう「におい」とは、フェロモンのことです。フェロモンは空気中を伝わっておすにとどきます。姿が見えていても、フェロモンがとどかなければ、おすはめすに反応しません。

4　(1)エ　(2)イ　(3)ア、ウ　(4)ア
　(5)受粉させる。
　(6)①…ウ　②…G　③…ウ、ク

[解説] (1)ミツバチとクロヤマアリはともにハチ目のなかまです。
(2)ミツバチはうしろあしのつけねに花粉をだんご状に丸めてつけ、て持ち帰ります。
(3)女王バチの食べ物は、働きバチが花粉からつくるローヤルゼリーという物質です。

(6)③問題文中に「太陽の位置が変わると、それぞれの花の場所を教える動きは、(a)や(b)と異なっていました。」とあることや、(a)、(b)、図1より、巣の中では、真上（紙面の上方向）が太陽の方向となっていると考えられます。

5　(1)あ…f　ア…c　お…c　オ…c
　(2)①…図1　②…図2

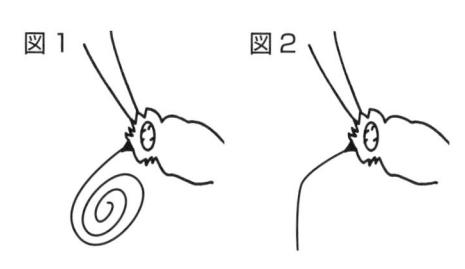

図1　　　　　図2

(3)① 1種類
　② ❶…○　❷…×　❸…○
　③う、お、か

[解説] (3)② ❷…さなぎをつくるグループ3種類のうちの1種類は、幼虫と成虫で食べるものの分類が同じです。

6　(1)イ　(2)②、④　(3)ウ
　(4)オ　(5)①
　(6)心臓のはく動　(7)ウ

7　(1)エ　(2)イ　(3)イ

[解説] (1)メダカは上流へ向かうので、水流の向きとは逆向きに泳ぎます。
(3)メダカは自分が底に向かって時計回りに流されるように感じます。

8　(1)うきぶくろ　(2)心臓
　　(3)下図

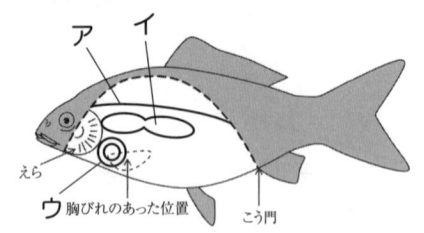

ア　イ
えら
ウ　胸びれのあった位置
こう門

[解説](3)心臓は、胸びれとえらとの間あたりにあります。

9　(1)セキツイ動物
　　(2)ア　(3)エ
　　(4)ウ　(5)エ

10　(1)A…イ　B…エ　C…カ
　　　D…ウ　E…ア
　　(2)ツバメ　(3)トビ
　　(4)①…メジロ　②…トビ　③…カラス

11　(1)渡り
　　(2)(繁殖地、越冬地の順に)
　　冬鳥…イ、ア　夏鳥…ア、ウ
　　旅鳥…イ、ウ
　　(3)冬鳥…ア、キ　夏鳥…イ、エ
　　留鳥…ウ、オ
[解説](3)オオチドリとアオアシシギは旅鳥です。

12　(1)A　(2)D　(3)ほ乳類
　　(4)〈例〉気温が下がると、ヤモリは体温が下がり、活動できなくなるから。

13　〈(1)～(4)まですべて完答〉
　　(1)イ、①…細胞
　　(2)ア、②…ひづめ
　　(3)エ、③…10　④…8
　　(4)イ、⑤…子　⑥…卵
[解説](3)サソリ、クモ、ダニはクモ類、アメリカザリガニは甲殻類です。

14　(1)イ
　　(2)後方まで広いはん囲を見わたし、敵を早く発見すること。

　　(3)すりつぶして細かくしている。

15　(1)〈水中、陸上　それぞれ完答〉
　　水中…ケイソウ→ミジンコ→メダカ
　　　　　→ナマズ
　　陸上…ミミズ→カエル→ヘビ→タカ
　　(2)チョウ…ア　モズ…ウ
　　(3)a…少な　b…大き
　　　c…こ(高、大き)
[解説](3)食物連鎖でつながっている生物の数は、植物→草食動物→肉食動物の順にしだいに少なくなり、体は大きくなって一度に食べる量が増えます。その結果、あとの動物ほど有害な物質が体内にたまりやすくなります。これを生態濃縮(生物濃縮)といいます。